普通高等教育机电专业规划教材

机械基础综合实验教程

姚伟江　李秋平　陈东青　编写

U0239436

中国轻工业出版社

图书在版编目(CIP)数据

机械基础综合实验教程/姚伟江,李秋平,陈东青编写. —北京:中国轻工业出版社,2017.8

普通高等教育机电专业规划教材

ISBN 978-7-5019-9712-1

Ⅰ.①机… Ⅱ.①姚… ②李… ③陈… Ⅲ.①机械学—实验—高等学校—教材 Ⅳ.①TH11 - 33

中国版本图书馆 CIP 数据核字(2014)第 062951 号

责任编辑:王 淳   责任终审:劳国强   封面设计:锋尚设计
版式设计:宋振全   责任校对:吴大鹏   责任监印:张 可

出版发行:中国轻工业出版社(北京东长安街 6 号,邮编:100740)

印   刷:北京君升印刷有限公司

经   销:各地新华书店

版   次:2017 年 8 月第 1 版第 2 次印刷

开   本:710×1000 1/16   印张:10

字   数:250 千字

书   号:ISBN 978-7-5019-9712-1   定价:23.00 元

邮购电话:010 - 65241695   传真:65128352

发行电话:010 - 85119835   85119793   传真:85113293

网   址:http://www.chlip.com.cn

Email:club@chlip.com.cn

如发现图书残缺请直接与我社邮购联系调换

170862J1C102ZBW

目　录

1 绪 论

1.1 机械基础综合实验课程的重要性及任务

1.1.1 机械基础综合实验课程的重要性

实验一般指科学实验，即自然科学实验。实验是根据一定的目的(或要求)，运用必要的手段和方法，在人为控制的条件下，模拟自然现象来进行研究、分析，从而认识各种事物的本质和规律的方法。实验是科学研究的重要方法之一，是人们正确认识客观世界、评价理论科学性与真理性的标准，同时对提高生产力水平起到巨大的推动作用。实验技术在工程实践中得到了广泛的应用，实验课程对于培养学生掌握科学实验的基本方法和技能具有十分重要的意义。

机械工业与机械工程是国家经济建设的支柱产业和支柱学科之一，而且是基础产业与基础学科之一。随着科学技术的不断发展，对机械学科和机械类专业人才也提出了更高的要求。高等院校工科学生，尤其是机械类专业的学生，要求具有较高的实践能力和综合设计能力。实验正是培养学生具有这些能力的极好的教学环节。实验教学是高等院校理工科专业教学中重要的组成部分，它不仅是学生获得知识的重要途径，而且对培养学生的自学能力、工作态度、实际工作能力、科学研究能力和创新能力具有十分重要的作用。

1.1.2 机械基础综合实验课程的任务

机械基础综合实验课程涵盖工程力学、互换性与技术测量、机械原理、机械设计、机械工程材料等课程。这些课程是重要的技术基础课程，是连接基础课与专业课的重要环节。机械基础综合实验课程要实现的任务是：

(1)通过实验加深对所学知识的理解；

(2)能够熟练操作仪器、设备，完成实验目标；

(3)具有能利用测试设备和仪器进行采集、分析及处理实验数据和实验误差的综合分析能力；

(4)培养学生善于观察、分析观察事物和现象的习惯，并能综合思考的良好学风，训练理性思维，在严谨的科学实验中提高科学实验能力；

(5)培养学生综合运用所学专业知识进行方案设计的能力，为将来进行工程实践打下坚实基础。

1.2　机械基础综合实验课程的主要内容

1.2.1　机械基础综合实验课程的指导思想

机械基础综合实验课程以机械基础实验方法自身的系统为主线设置实验课,成绩单独考核和计分。实验课的教学内容满足课程的基础教学同时更加注重培养学生的创新能力和综合设计能力。将实验分成认知实验、基础实验、综合性实验、设计创新性实验等,可以根据教学内容进行不同的安排,符合因材施教的原则。

1.2.2　机械基础综合实验课程的主要内容

本实验教程的主要内容有四部分:

(1)实验的基本知识,包括基本物理量测量技术基础、实验数据的误差分析与处理、实验设计方法。

(2)基础实验,包括认知实验、基础实验等。满足教学的要求,帮助学生理解课程内容。

(3)综合性实验,包括互换性与技术测量、机械原理、机械设计等相关课程开设的综合性实验,要求学生综合运用所学知识完成实验要求。

(4)设计创新性实验,包括机构组合创新设计实验。学生根据设计要求独立完成包括实验设备、实验方法、实验途径等方面的设计。

1.3　机械基础综合实验课程的要求

机械基础综合实验课程是机械工程实验教学的重要组成部分,是机械基础系列课程教学内容和课程体系改革的主要内容之一。学生通过本课程的学习和实验实践,要求掌握下面的基本内容:

(1)科学实验的作用及其重要意义。

(2)熟悉和掌握机械基础综合实验常用的仪器和装置的使用。

(3)掌握机械基础综合实验的实验原理、实验方法、测试技术、数据采集、误差分析与处理等基本理论和基本技能。

(4)熟悉和掌握机械基础实验设计方法。

2 基本物理量测量技术基础

2.1 测量概述

测量是利用合适的工具,确定某个给定对象在某个给定属性上的量的程序或过程。在机械基础实验中,需要测量的量很多,包括力、位移、速度、几何量、温度、功率和转矩等基本物理量。测量是一个严格的过程,为了获得准确的结果,要根据实际情况选择适当的测量方法和测量仪器,保证良好的测量环境以提高精度。

测量包括被测量、计量单位、测量方法和测量准确度4个要素。

2.1.1 被测量

指需要检测的物理量,包括静态量和动态量。静态量是指不随时间变化而变化的被测量,如质量、几何量及稳定状态下物体所受的压力和温度等;动态量指随时间的不同而不断变化的被测量,如机器运动过程的位移、速度和功率等。

2.1.2 计量单位

用于表示与其相比较的同种量的大小的约定定义和采用的特定量。

2.1.3 测量方法

指人们认识自然界事物的一种手段,在进行测量时所用的按类叙述的一组操作逻辑次序。

(1)按是否直接测量被测参数,可分为直接测量和间接测量。

1)直接测量:直接测量被测参数来获得被测尺寸。例如用卡尺、比较仪测量。

2)间接测量:测量与被测尺寸有关的几何参数,经过计算获得被测尺寸。

显然,直接测量比较直观,间接测量比较繁琐。一般当被测尺寸或用直接测量达不到精度要求时,才不得不采用间接测量。

(2)按量具量仪的读数值是否直接表示被测尺寸的数值,可分为绝对测量和相对测量。

1)绝对测量:读数值直接表示被测尺寸的大小、如用游标卡尺测量。

2)相对测量:读数值只表示被测尺寸相对于标准量的偏差。如用比较仪测量轴的直径,需先用量块调整好仪器的零位,然后进行测量,测得值是被测轴的直径相对于量块尺寸的差值,这就是相对测量。一般说来相对测量的精度比较高些,但测量比较麻烦。

(3)按被测表面与量具量仪的测量头是否接触,分为接触测量和非接触测量。

1)接触测量:测量头与被测量表面接触,并有机械作用的测量力存在。如用千分尺测量零件。

2)非接触测量:测量头不与被测零件表面相接触,非接触测量可避免测量力对测量结果的影响。如利用投影法、光波干涉法测量等。

(4)按被测零件在测量过程中所处的状态,分为静态测量和动态测量。

1)静态测量:测量相对静止。如千分尺测量直径。

2)动态测量:测量时被测表面与测量头模拟工作状态中作相对运动。动态测量方法能反映出零件接近使用状态下的情况,是测量技术的发展方向。

2.1.4　测量的准确度

指测量结果与真值的一致程度。由于任何测量过程总不可避免地会出现测量误差,误差大说明测量结果离真值远,准确度低。因此,准确度和误差是两个相对的概念。由于存在测量误差,任何测量结果都是以一近似值来表示。

2.2　测量标准和量纲单位

2.2.1　测量标准

测量标准是测量过程中进行准确测量的准则,有国际标准和国家标准。我国的测量标准采用的是国家标准 GB/T 6379—2004《测量方法与结果的准确度(正确度与精密度)》。

2.2.2　量纲单位

作为测量结果的量通常用数值表示。该数值是在一个给定的量纲或尺度系统下,由属性的量和测量单位的比值决定的。物理现象或物理量的度量,叫做"量纲"。它可以定性地表示出物理量与基本量之间的关系;可以有效地应用它进行单位换算;可以用它来检查物理公式的正确与否;还可以通过它来推知某些物理规律。量纲是检查公式推导过程中是否准确的判据,虽然不能保证正确,但可以找到错误。量纲单位则是反映量纲的度量。例如长度是量纲,而米是长度的一个单位;质量是量纲,而千克是质量的一个单位。一个量纲是唯一的,而对应的量纲单位可能有多个,所以对各种单位必须标准化,建立不同单位之间的转换机制。

我国于 1994 年实施的国家标准《国际单位制及其应用》(GB3100—1993)规

定,国际单位制(SI)是我国法定计量单位的基础:①基本单位,如长度 m(米)、质量 kg(千克)、时间 s(秒)及电流 A(安培)等;②导出单位,如〔平面〕角 rad(弧度),力 N(牛),压力 Pa(帕),速度 m/s(米/秒)、面积 m^2(平方米)和密度 kg/m^3(千克/立方米)等。

2.3 常用机械测量器具的认识

机械基础实验中所用的仪器很多,包括常用的仪器及专业仪器。本节介绍一些常用的仪器仪表,包括游标量具、螺旋测微器和指示表。

2.3.1 游标量具

凡利用尺身和游标刻度线间长度之差原理制成的量具,统称为游标量具。常用的游标量具有游标卡尺、游标高度尺、游标深度尺、齿厚游标卡尺和万能角度尺等。

游标卡尺,是一种测量长度、内外径、深度的量具。游标卡尺由主尺和附在主尺上能滑动的游标两部分构成。主尺一般以 mm 为单位,而游标上则有 10、20 或 50 个分格,根据分格的不同,游标卡尺可分为 10 分度游标卡尺、20 分度游标卡尺、50 分度游标卡尺。游标卡尺的主尺和游标上有两副活动量爪,分别是内测量爪和外测量爪,内测量爪通常用来测量内径,外测量爪通常用来测量长度和外径。如图 2 - 3 - 1。另外,现在还有电子游标卡尺、带表游标卡尺及齿厚游标卡尺等,如图 2 - 3 - 2。

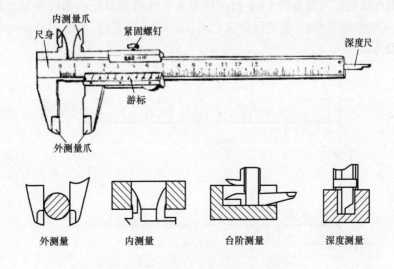

图 2 - 3 - 1　游标卡尺结构及测量方法

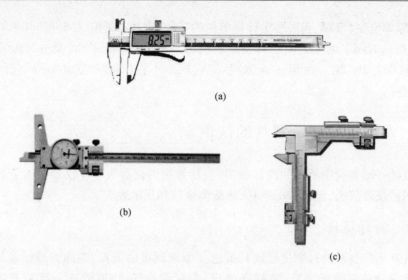

(a)

(b)

(c)

图 2-3-2　游标卡尺的类型
(a)电子游标卡尺　(b)带表游标卡尺　(c)齿厚游标卡尺

　　测量原理,以准确到 0.1mm 的游标卡尺为例,尺身上的最小分度是 1mm,游标尺上有 10 个小的等分刻度,总长 9mm,每一分度为 0.9mm,比主尺上的最小分度相差 0.1mm。量爪并拢时尺身和游标的零刻度线对齐,它们的第一条刻度线相差0.1mm,第二条刻度线相差 0.2mm,……,第 10 条刻度线相差 1mm,即游标的第 10 条刻度线恰好与主尺的 9mm 刻度线对齐,如图 2-3-3(a)游标卡尺读数为 0.9mm。

　　当量爪间所量物体的长度为 0.1mm 时,游标尺向右应移动 0.1mm。这时它的第一条刻度线恰好与尺身的 1mm 刻度线对齐。同样当游标的第五条刻度线跟尺身的 5mm 刻度线对齐时,说明两量爪之间有 0.5mm 的宽度,如图 2-3-3(b)游标卡尺读数为 0.5mm。

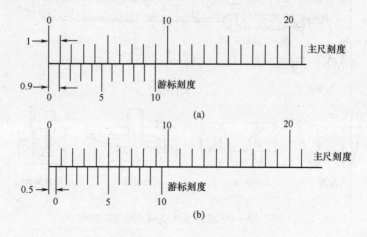

图 2-3-3　游标卡尺读数

游标卡尺测量前应先用软布将量爪擦干净,使其并拢,查看游标和主尺身的零刻度线是否对齐。如果对齐就可以进行测量;如没有对齐则要记取零误差:游标的零刻度线在尺身零刻度线右侧的叫正零误差,在尺身零刻度线左侧的叫负零误差(这件规定方法与数轴的规定一致,原点以右为正,原点以左为负)。如图2-3-4,测量时,右手拿住尺身,大拇指移动游标,左手拿待测外径(或内径)的物体,使待测物位于外测量爪之间,当与量爪紧紧相贴时,即可读数。

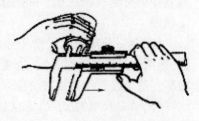

图2-3-4 游标卡尺的操作方法

读数时首先以游标零刻度线为准在尺身上读取 mm 整数,即以 mm 为单位的整数部分。然后看游标上第几条刻度线与尺身的刻度线对齐,如第6条刻度线与尺身刻度线对齐,则小数部分即为0.6mm(若没有正好对齐的线,则取最接近对齐的线进行读数)。如有零误差,则一律用上述结果减去零误差(零误差为负,相当于加上相同大小的零误差),读数结果为:

$$L = 整数部分 + 小数部分 - 零误差$$

判断游标上哪条刻度线与尺身刻度线对准,可用下述方法:选定相邻的三条线,如左侧的线在尺身对应线之右,右侧的线在尺身对应线之左,中间那条线便可以认为是对准了。

$L = $ 对准前刻度 + 游标上第 n 条刻度线与尺身的刻度线对齐×分度值。

如果需测量几次取平均值,不需每次都减去零误差,只要从最后结果减去零误差即可。

下面以图2-3-5所示0.02游标卡尺的某一状态为例进行说明。

图2-3-5 游标卡尺读数

(1)在主尺上读出副尺零线以左的刻度,该值就是最后读数的整数部分。图示33mm。

(2)副尺上一定有一条与主尺的刻线对齐,在刻尺上读出该刻线距副尺的格数,将其与刻度间距0.02mm 相乘,就得到最后读数的小数部分。图示为0.24mm。

(3)将所得到的整数和小数部分相加,就得到总尺寸为33.24mm。

使用游标卡尺要注意以下事项:

(1)游标卡尺是比较精密的测量工具,要轻拿轻放,不得碰撞或跌落地下。

使用时不要用来测量粗糙的物体,以免损坏量爪,避免与刃具放在一起,以免刃具划伤游标卡尺的表面,不使用时应置于干燥中性的地方,远离酸碱性物质,防止锈蚀。

(2)测量前应把卡尺揩干净,检查卡尺的两个测量面和测量刃口是否平直无损,把两个量爪紧密贴合时,应无明显的间隙,同时游标和主尺的零位刻线要相互对准。这个过程称为校对游标卡尺的零位。

(3)移动尺框时,活动要自如,不应过松或过紧,更不能有晃动现象。用固定螺钉固定尺框时,卡尺的读数不应有所改变。在移动尺框时,不要忘记松开紧固螺钉,亦不宜过松以免螺钉脱落。

(4)当测量零件的外尺寸时,卡尺两测量面的连线应垂直于被测量表面,不能歪斜。测量时,可以轻轻摇动卡尺,放正垂直位置。否则,量爪若在错误的位置上,将使测结果比实际尺寸要大;先把卡尺的活动量爪张开,使量爪能自由地卡进工件,把零件贴靠在固定量爪上,然后移动尺框,用轻微的压力使活动量爪接触零件。如卡尺带有微动装置,此时可拧紧微动装置上的固定螺钉,再转动调节螺母,使量爪接触零件并读取尺寸。绝不可把卡尺的两个量爪调节到接近甚至小于所测尺寸,把卡尺强制的卡到零件上去。这样做会使量爪变形,或使测量面过早磨损,使卡尺失去应有的精度。

(5)用游标卡尺测量零件时,不允许过分地施加压力,所用压力应使两个量爪刚好接触零件表面。如果测量压力过大,不但会使量爪弯曲或磨损,且量爪在压力作用下产生弹性变形,使得的尺寸不准确(外尺寸小于实际尺寸,内尺寸大于实际尺寸)。

(6)在游标卡尺上读数时,应使卡尺的尺身呈水平,尺面朝着亮光的方向,人的视线尽可能和卡尺的刻线表面垂直,以免由于视线的歪斜造成读数误差。

(7)为了获得正确的测量结果,可以多测量几次。即在零件的同一截面上的不同方向进行测量。对于较长零件,则应当在全长的各个部位进行测量,以获得一个比较正确的测量结果。

2.3.2　螺旋测微器

螺旋测微器又称千分尺、螺旋测微仪、分厘卡,是比游标卡尺更精密的测量长度的工具,用它测长度可以准确到 0.01mm,测量范围为几个厘米。测量杆的一部分加工成螺距为 0.5mm 的螺纹,当它在固定套管的螺套中转动时,将前进或后退,活动套管和螺杆连成一体,其周边等分成 50 个分格[图 2-3-6(a)]。螺杆转动的整圈数由固定套管上间隔 0.5mm 的刻线去测量,不足一圈的部分由活动套管周边的刻线去测量,最终测量结果需要估读一位小数。

螺旋测微器分为机械式千分尺和电子千分尺两类。

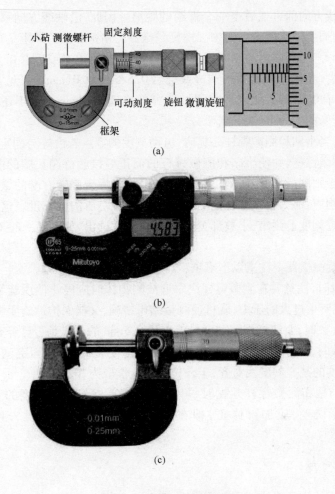

图2-3-6　螺旋测微器

(a)千分尺及读数　(b)带表千分尺　(c)公法线千分尺

(1)机械式千分尺。简称千分尺,是利用精密螺纹副原理测长的手携式通用长度测量工具。1848年,法国的 J. L. 帕尔默取得外径千分尺的专利。1869年,美国的 J. R. 布朗和 L. 夏普等将外径千分尺制成商品,用于测量金属线外径和板材厚度。千分尺的品种很多。改变千分尺测量面形状和尺架等就可以制成不同用途的千分尺,如用于测量内径、螺纹中径、齿轮公法线或深度等的千分尺。

(2)电子千分尺。也叫带表千分尺、数显千分尺,测量系统中应用了光栅测长技术和集成电路等。电子千分尺是20世纪70年代中期出现的,用于外径测量,如图2-3-6(b)所示。

螺旋测微器是依据螺旋放大的原理制成的,即螺杆在螺母中旋转一周,螺杆便沿着旋转轴线方向前进或后退一个螺距的距离。因此,沿轴线方向移动的微小距离,就能用圆周上的读数表示出来。螺旋测微器的精密螺纹的螺距是 0.5mm,可动刻度有 50 个等分刻度,可动刻度旋转一周,测微螺杆可前进或后退 0.5mm,因此旋转每个小分度,相当于测微螺杆前进或推后 0.5/50 = 0.01mm。可见,可动刻度每一小分度表示 0.01mm,所以螺旋测微器可准确到 0.01mm。由于还能再估读一位,可读到毫米的千分位,故又名千分尺。

测量时,当小砧和测微螺杆并拢时,可动刻度的零点若恰好与固定刻度的零点重合,旋出测微螺杆,并使小砧和测微螺杆的面正好接触待测长度的两端,注意不可用力旋转否则测量不准确,马上接触到测量面时慢慢旋转右端的微调旋钮直至传出咔咔的响声,那么测微螺杆向右移动的距离就是所测的长度。这个距离的整毫米数由固定刻度上读出,小数部分则由可动刻度读出,如图 2 − 3 − 6(a)的读数为 8.561。

使用螺旋测微器要注意以下事项:

(1)测量时,注意要在测微螺杆快靠近被测物体时应停止使用旋钮,而改用微调旋钮,避免产生过大的压力,既可使测量结果精确,又能保护螺旋测微器。

(2)在读数时,要注意固定刻度尺上表示 0.5mm 的刻线是否已经露出。

(3)读数时,千分位有一位估读数字,不能随便去掉,即使固定刻度的零点正好与可动刻度的某一刻度线对齐,千分位上也应读取为"0"。

(4)当小砧和测微螺杆并拢时,可动刻度的零点与固定刻度的零点不相重合,将出现零误差,应加以修正,即在最后测得长度的读数上去掉零误差的数值。

2.3.3 指示表

比较常用的指示表主要是百分表与千分表。百分表和千分表的工作原理相同,都是利用精密齿条齿轮机构制成的表式通用长度测量工具。通常由测头、量杆、防振弹簧、齿条、齿轮、游丝、圆表盘及指针等组成。常用于形状和位置误差以及小位移的长度测量。百分表的圆表盘上印制有 100 个等分刻度,即每一分度值相当于量杆移动 0.01mm[图 2 − 3 − 7(a)]。若在圆表盘上印制有 1000 个等分刻度,则每一分度值为 0.001mm,这种测量工具即称为千分表[图 2 − 3 − 7(b)]。改变测头形状并配以相应的支架,可制成百分表的变形品种,如厚度百分表、深度百分表和内径百分表等。如用杠杆代替齿条可制成杠杆百分表和杠杆千分表,其示值范围较小,但灵敏度较高。此外,它们的测头可在一定角度内转动,能适应不同方向的测量,结构紧凑。它们适用于测量普通百分表难以测量的外圆、小孔和沟槽等的形状和位置误差。

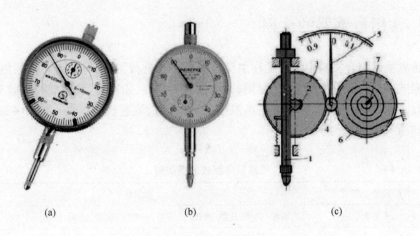

(a)　　　　　　　　(b)　　　　　　　　(c)

图 2 - 3 - 7　指示表
(a)百分表　(b)千分表　(c)结构原理

2.3.3.1　结构原理

百分表是一种精度较高的比较量具,它只能测出相对数值,不能测出绝对数值,主要用于测量形状和位置误差,也可用于机床上安装工件时的精密找正。百分表的读数准确度为 0.01mm。百分表的结构原理如图 2.3.7(c)所示。当测量杆 1 向上或向下移动 1mm 时,通过齿轮传动系统带动大指针 5 转一圈,小指针 7 转一格。刻度盘在圆周上有 100 个等分格,各格的读数值为 0.01mm。小指针每格读数为 1mm。测量时指针读数的变动量即为尺寸变化量。刻度盘可以转动,以便测量时大指针对准零刻线。

2.3.3.2　读数方法

百分表的读数方法为:先读小指针转过的刻度线(即 mm 整数),再读大指针转过的刻度线(即小数部分),并乘以 0.01,然后两者相加,即得到所测量的数值。

2.3.3.3　使用注意事项

(1)使用前,应检查测量杆活动的灵活性。即轻轻推动测量杆时,测量杆在套筒内的移动要灵活,没有任何轧卡现象,每次手松开后,指针能回到原来的刻度位置。

(2)使用时,必须把百分表固定在可靠的夹持架上。切不可贪图省事,随便夹在不稳固的地方,否则容易造成测量结果不准确,或摔坏百分表。

(3)测量时,不要使测量杆的行程超过它的测量范围,不要使表头突然撞到工件上,也不要用百分表测量表面粗糙或有显著凹凸不平的工件。

(4)测量平面时,百分表的测量杆要与平面垂直,测量圆柱形工件时,测量杆要与工件的中心线垂直,否则,将使测量杆活动不灵或测量结果不准确。

(5)为方便读数,在测量前一般都让大指针指到刻度盘的零位。

2.4　常用传感器的认识

机械基础综合实验中测试工作主要是对机械量进行测量,有时也对某些热工量进行测试。机械量通常是指力、力矩、压强、位移、速度、加速度、转速、功率、效率、摩擦因数、磨损量等。热工量主要是指温度、液体压力、流速、流量等。表 2 - 4 - 1 为传感器所测被测量类别。

表 2 - 4 - 1　　　　　　　　　传感器所测被测量类别

被测量类别	被测量
热工量	温度、热量、比热容;压力、压差、真空度;流量、流速、风速
机械量	位移(线位移、角位移)、尺寸、形状;力、力矩、应力;重量、质量;转速、线速度;振动幅度、频率、加速度、噪声
物性和成分量	气体化学成分、液体化学成分;酸碱度(pH)、盐度、浓度、黏度;密度、相对密度
状态量	颜色、透明度、磨损量、材料内部裂缝或缺陷、气体泄漏、表面质量

传感器测试系统框图如图 2 - 4 - 1 所示。传感器是能感受规定的被测量并按照一定的规律将其转换成可用输出信号的器件或者装置。其工作原理与人体系统进行比较,如图 2 - 4 - 2 所示。在有些学科领域,传感器又称为敏感元件、检测器、转换器等。传感器的输出信号通常是电量,它便于传输、转换、处理、显示等。通常传感器由敏感元件和转换元件组成。由于传感器的输出信号一般都很微弱,因此需要有信号调理与转换电路对其进行放大、运算调制等。传感器组成框图如图 2 - 4 - 3 所示。

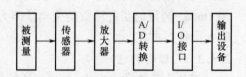

图 2 - 4 - 1　传感器测试系统框图

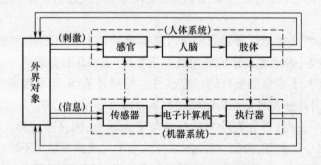

图 2 - 4 - 2　传感器系统与人体系统比较

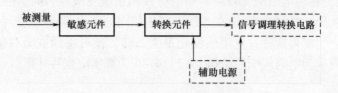

图 2 - 4 - 3　传感器组成框图

（1）敏感元件：传感器中能直接感受或响应被测量的部分；先将待测的非电量变为易于转换成电量的另一种非电量。

（2）转换元件：传感器中能将敏感元件感受或响应的被测量转换成适于传输或测量的电信号部分。将感受到的非电量变换为电量。例如，可以将位移量直接变换为电容、电阻及电感的电容变换器、电阻及电感变换器；能直接把温度变换为电势的热电偶变换器。转换元件是传感器不可缺少的重要组成部分。

（3）信号调理转换电路：由于传感器输出信号一般都很微弱，需要有信号调理与转换电路，进行放大、运算调制等。此外，信号调理转换电路以及传感器的转换元件的工作必须有辅助的电源。

机械基础综合实验中测试工作主要是对机械量进行测量，有时也对某些热工量进行测量。

2.4.1　传感器的分类

目前一般采用两种分类方法：一种是按被测参数分类，如温度、压力、位移、速度等；另一种是按传感器的工作原理分类，如应变式、电容式、压电式、磁电式等。还可以按如下的方法分类：

物理型：物理型传感器是利用某些变换元件的物理性质或某些功能材料的特殊性能制成的传感器。

化学型：化学型传感器是利用电化学反应原理把有机和无机的化学物质的成分、浓度等转换成电信号的传感器。

生物型：生物型传感器是利用生物功能物质作识别器件制成的传感器。

2.4.2　机械基础综合实验课中常用到的传感器介绍

2.4.2.1　电阻应变片

电阻应变片是利用电阻应变效应做成的传感器，是常用的传感器之一。应变式传感器的核心元件是电阻应变计（应变片）。

电阻应变片结构简单，尺寸小，重量轻，使用方便，性能稳定可靠，分辨率高，灵敏度高，价格便宜，工艺较成熟，因此在航空航天、机械、化工、建筑、医学、汽车工业等领域有很广的应用。

如图 2 - 4 - 4 所示，当金属丝在外力作用下发生机械变形时，其电阻值将发生变化,这种效应称为电阻应变效应。用应变片测量应变或应力时,在外力作用下,被测对象产生微小机械变形,应变片随着发生相同的变化,同时应变片电阻值也发生相应变化。当测得应变片电阻值变化量为 Δr 时,便可得到被测对象的应变值。图 2 − 4 − 5 所示为电阻应变片结构,图 2 − 4 − 6 为真实应变片外形。

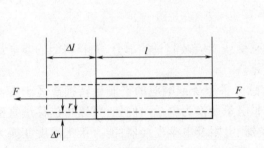

图 2 − 4 − 4　电阻式应变片

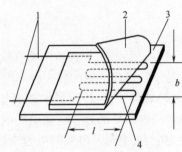

图 2 − 4 − 5　　电阻应变片结构
1—引线　2—覆盖层　3—基片
4—电阻丝敏感栅

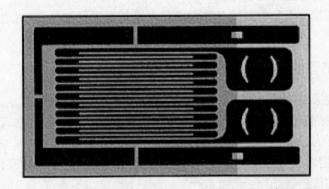

图 2 − 4 − 6　应变片外形

电阻应变片大量应用于工程力学实验台上。在应用过程中需要注意:由于测量现场环境温度的改变造成应变片产生温度误差,因此需要利用桥路补偿法进行补偿。

2.4.2.2　应变式力传感器

应变式力传感器是被测量为荷重或力。其主要用途是作为各种电子秤与材料试验机的测力元件、发动机的推力测试、水坝坝体承载状况监测等。应变式力传感器要求有较高的灵敏度和稳定性,当传感器在受到侧向作用力或力的作用点少量变化时,不应对输出有明显的影响。

应变式力传感器的弹性元件有柱式、梁式、环式、轮辐式等。在工程力学实验台中主要用柱式力传感器(图 2 − 4 − 7)。

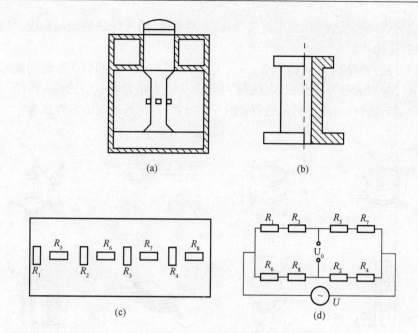

(a)　　　　　　　　　　　　(b)

(c)　　　　　　　　　　　　(d)

图 2 - 4 - 7　柱式力传感器结构

(a)圆柱　(b)圆筒　(c)圆柱面展开图　(d)桥路连线图

2.4.2.3　电容式传感器

电容式传感器不但广泛地应用于位移、振动、角度、加速度等机械量的精密测量,而且还逐步地扩大应用于压力、差压、液面、料面、成分含量等方面的测量。

(1)电容式传感器的特点

①小功率、高阻抗。电容传感器的电容量很小,一般为几十到几百微法,因此具有高阻抗输出。

②小的静电引力和良好的动态特性。电容传感器极板间的静电引力很小,工作时需要的作用能量极小,且它有很小的可动质量,因而有较高的固有频率和良好的动态响应特性。

③本身发热影响小。

④可进行非接触测量。

(2)电容式传感器的工作原理及结构形式　电容式传感器是以各种类型的电容器作为传感元件,通过电容传感元件,将被测物理量的变化转换为电容量的变化。其工作原理如图 2 - 4 - 8 所示。

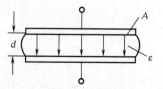

图 2 - 4 - 8　电容传感器

当 d、A 和 ε 中的某一项或某几项有变化时,就改变了电容 C。电容 C 的变化,在交流工作时,就改变了容抗 X_c,从而使输出电压或电流变化。d 和 A 的变化可以反映线位移或角位移的变化,也可以间接反映弹力、压力等变化;ε 的变化,则可反映液面的高度、材料的温度等的变化。

电容传感器结构形式如图 2 - 4 - 9 所示,其中图(a)和(b)为变间隙式;图(c),(d),(e)和(f)为变面积式;图(g)和(h)为变介电常数式。图(a)和(b)是线位移传感器;图(f)是角位移传感器;图(b),(d),(f)是差动式电容传感器。

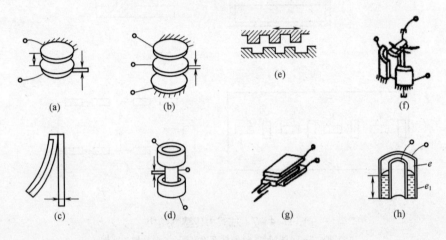

图 2 - 4 - 9　电容传感器结构形式

(3)电容式传感器的应用　电容式传感器常用于测量压力、加速度、应变、荷重等物理量。如图 2 - 4 - 10(a)为膜片电极式传感器,用于测量压力。

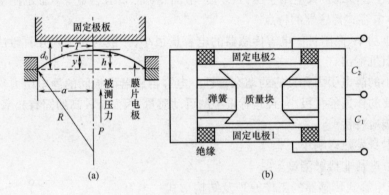

图 2 - 4 - 10　电容式传感器应用

(a)膜片电极式压力传感器　(b)电容式加速度传感器

如图 2 - 4 - 10(b)为电容式加速度传感器。这里有两个固定极板,极板中间有一用弹簧支撑的质量块,此质量块的两个端面经过磨平抛光后作为可动极板。当传感器测量垂直方向上的直线加速度时,质量块在绝对空间中相对静止,而两个固定电极将相对质量块产生位移,此位移大小正比于被测加速度。

3 实验数据的误差分析与处理

3.1 测量误差的定义

3.1.1 误差的定义

在测量过程中,由于实验方法和实验设备的不完善,周围环境以及人为因素的影响,待测量的真值是不可能测得的,测量结果和被测量真值之间总会存在或多或少的偏差,这种偏差就叫做测量值的误差,简称测量误差。测量误差可用绝对误差和相对误差来表示。

绝对误差是指测得的量值减去参考量值,简称为误差,可用下式表示:

$$绝对误差 = 测得的量值 - 参考量值$$

其中,测得的量值,又称量的测量值,简称测得值,代表测量结果的量值;参考量值是用作与同类量的值进行比较的基础的量值,可以是被测量的真值(未知的),也可以是约定量值(已知的)。

相对误差是指绝对误差与被测量真值的比值,实际中也近似用绝对误差与测得值之比,即

$$相对误差 = \frac{绝对误差}{测得值}$$

对于仪器仪表,其相对误差可以用引用误差表示,它是测量仪器或测量系统的误差除以仪器的特定值,该特定值一般指测量仪器的量程或标称范围的上限。

$$引用误差 = \frac{仪器误差}{特定值}$$

绝对误差和相对误差都可以是正值或负值。对于相同的被测量,可以用绝对误差评定其测量精度的高低;对于不同的测量量,一般采用相对误差评定。

3.1.2 误差的来源

测量过程中,误差的来源主要有以下几方面:

(1)测量装置误差。包括标准量具误差、仪器误差及仪器附件误差。

(2)环境误差。测量环境与规定的标准状态不一致而引起的测量装置及被测量本身的变化而造成的误差,如温度、湿度、气压、振动、电磁场等。

(3)方法误差。由测量方法的不完善所引起的误差。

(4)人员误差。因操作人员操作不当所引起的误差。

在计算测量结果精度时,对上述误差来源必须进行全面分析,不遗漏、不重复,对误差影响较大的因素要特别注意。

3.2　实验误差的分类

3.2.1　误差分类

按误差的性质,测量误差可以分为随机误差、系统误差和粗大误差。

3.2.1.1　随机误差

在相同条件下对同一量的多次重复测量过程中,大小和符号无规律变化的误差叫随机误差。虽然单次测量的随机误差没有规律,但多次测量的总体却服从统计规律,通过对测量数据的统计处理,能在理论上估计其对测量结果的影响。随机误差不能用修正或采取某种技术措施的办法来消除。

随机误差产生因素十分复杂,如电磁场的微变,零件的摩擦、间隙,热起伏,空气扰动,气压及湿度的变化,测量人员的感觉器官的生理变化等,以及它们的综合影响。

测量值的随机误差分布规律有正态分布、t分布、三角分布和均匀分布等,但测量值大多数都服从正态分布。

测量值的随机误差 δ 是随机变量,它的概率分布密度函数为:

$$P(\delta) = \frac{1}{\sigma\sqrt{2\pi}}e^{-\frac{\delta^2}{2\sigma^2}}$$

随机误差具有以下规律:

(1)单峰性:绝对值小的误差出现的概率比绝对值大的误差出现的概率大。

(2)对称性:绝对值相等的正误差和负误差出现的概率相等。

(3)有界性:绝对值很大的误差出现的概率近于零。误差的绝对值不会超过某一个界限。

(4)抵偿性:在一定测量条件下,测量值误差的算术平均值随着测量次数的增加而趋于零。

3.2.1.2　系统误差

在一定的测量条件下,对同一个被测尺寸进行多次重复测量时,误差值的大小和符号(正值或负值)保持不变;或者在条件变化时,按一定规律变化的误差称为系统误差。按对系统误差掌握的程度可分为已定系统误差和未定系统误差;按误差出现规律可分为不变系统误差和变化系统误差。

系统误差的来源有以下方面:

(1)仪器误差。这是由于仪器本身的缺陷或没有按规定条件使用仪器而造成的。如仪器的零点不准,仪器未调整好,外界环境(光线、温度、湿度、电磁场等)对测量仪器的影响等所产生的误差。

（2）理论误差（方法误差）。这是由于测量所依据的理论公式本身的近似性，或实验条件不能达到理论公式所规定的要求，或者是实验方法本身不完善所带来的误差。例如热学实验中没有考虑散热所导致的热量损失，伏安法测电阻时没有考虑电表内阻对实验结果的影响等。

（3）个人误差。这是由于观测者个人感官和运动器官的反应或习惯不同而产生的误差，它因人而异，并与观测者当时的精神状态有关。

系统误差有些是定值的，如仪器的零点不准，有些是积累性的，如用受热膨胀的钢质米尺测量时，读数就小于其真实长度。

需要注意的是，系统误差总是使测量结果偏向一边，或者偏大，或者偏小，因此，多次测量求平均值并不能消除系统误差。

电脑在进行数据处理的过程中，也会有误差，如在处理数据型字段的时候，由于处理位数的不一样，所得结果是有误差的，与我们计算中采用四舍五入法得出的结果类似。

系统误差的消除，常采用以下方法：

（1）在测量结果中进行修正。对于已知的恒值系统误差，可以用修正值对测量结果进行修正；对于变值系统误差，设法找出误差的变化规律，用修正公式或修正曲线对测量结果进行修正；对于未知系统误差，则按随机误差进行处理。

（2）消除系统误差的根源。在测量之前，仔细检查仪表，正确调整和安装；防止外界干扰；选好观测位置消除视差；选择环境条件比较稳定时读数等。

（3）在测量系统中采用补偿措施。找出系统误差规律，在测量过程中自动消除系统误差。

（4）实时反馈修正。由于自动化测量技术及计算机的应用，可用实时反馈修正的办法来消除复杂的变化的系统误差。在测量过程中，用传感器将这些误差因素的变化，转换成某种物理量形式（一般为电量），及时按照其函数关系，通过计算机算出影响测量结果的误差值，并对测量结果作实时的自动修正。

3.2.1.3 粗大误差

在一定的测量条件下，超出规定条件下预期的误差称为粗大误差，一般地，给定一个显著性的水平，按一定条件分布确定一个临界值，凡是超出临界值范围的值，就是粗大误差，它又叫做粗误差或寄生误差。

产生粗大误差的主要原因如下：

（1）客观原因：电压突变、机械冲击、外界振动、电磁（静电）干扰、仪器故障等引起了测试仪器的测量值异常或被测物品的位置相对移动，从而产生了粗大误差；

（2）主观原因：使用了有缺陷的量具；操作时疏忽大意；读数、记录、计算的错误等。

另外，环境条件的反常突变因素也是产生粗大误差的原因。

粗大误差不具有抵偿性,它存在于一切科学实验中,不能被彻底消除,只能在一定程度上减弱。它是异常值,严重歪曲了实际情况,所以在处理数据时应将其剔除,否则将对标准差、平均差产生严重的影响。

3.2.2 精度

反映测量与真值接近程度的量称为精度,可用误差的大小来评定。误差大则精度低,误差小则精度高。精度可分为以下三类。

(1)准确度:指测量结果与被测量真值之间的一致程度,它反映测量结果中系统误差的影响程度。

(2)精密度:指在规定条件下获得的各个独立观测值之间的一致程度,它反映测量结果中随机误差的影响程度。

(3)精确度:既包含准确度也包含精密度,它反映测量结果中系统误差和随机误差综合的影响程度。

对于具体的测量,精密度高的而准确度不一定高,准确度高的而精密度也不一定高,但精确度高,则精密度与准确度都高。

以打靶为例,准确度、精密度和精确度的相互关系如图 3 - 2 - 1 所示,图(a)的系统误差小但随机误差大,准确度高而精密度低;图(b)的系统误差大但随机误差小,准确度低而精密度高;图(c)的系统误差和随机误差都小,也就是精确度高,是我们希望得到的结果。

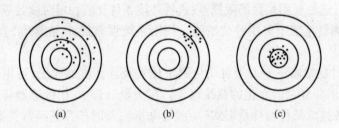

图 3 - 2 - 1　准确度、精密度和精确度的关系

4　实验设计方法

4.1　概述

　　在很多实验中,由于影响实验的因素较多,试验次数太多是经常碰到的难题,而且即便试验完成了,对于数据的分析处理,主、次影响因素的判断,发展趋势的预测等也会存在工作量太大的困难。

　　因此,需要通过科学合理的实验设计,来做到减少实验次数、缩短实验周期,提高经济效益;从众多的影响因素中找出影响输出的主要因素;分析影响因素之间交互作用影响的大小;分析实验误差的影响大小,提高实验精度;找出较优的参数组合,并通过对实验结果的分析、比较,找出达到最优化方案进一步实验的方向;对最佳方案的输出值进行预测。

　　实验设计中有以下几个基本要素:

　　指标:指用来表示实验结果优劣的特征值;

　　因子:影响实验结果的因素称为因子;

　　水平:因子所处的状态称为水平;

　　设计方法:常用的实验设计方法有单因子实验设计、正交设计、均匀设计。

4.2　单因子实验设计

　　单因子实验主要采用随机化技术,又称为完全随机设计。它是假设在一个实验中只考察一个因子 A 及其 r 个水平 $A_1, A_2, \cdots, A_r$. 在水平 A_i 下重复 m_i 次试验,总试验次数 $n = m_1 + m_2 + \cdots + m_r$. 记 y_{ij} 是第 i 个水平下的第 j 次重复试验的结果,这里 i 为水平号, j 为重复号。

表 4-2-1　　　　　　　　　　单因子实验的数据

因子 A 的水平	数据	和	均值
A_1	y_{11}　$y_{12}\cdots y_{1m}$	$T_1 = y_{11} + y_{12} + \cdots + y_{1m}$	$\bar{y}_1 = T_1/m_1$
A_2	y_{21}　$y_{22}\cdots y_{2m}$	$T_2 = y_{21} + y_{22} + \cdots + y_{2m}$	$\bar{y}_2 = T_2/m_2$
$\vdots$	$\cdots$	$\cdots$	$\cdots$
A_r	y_{r1}　$y_{r2}\cdots y_{rm}$	$T_r = y_{r1} + y_{r2} + \cdots + y_{rm}$	$\bar{y}_r = T_r/m_r$

对表 4-2-1 的试验数据进行统计分析时,需要有三项基本假定:

①随机性:所有数据都相互独立;

②正态性:每个水平下的数据都满足正态总体分布;

③方差齐性:r 个正态总体方差相等。

单因子试验中要研究的问题是:

(1)r 个水平均值 $\mu_1, \mu_2, \cdots, \mu_r$ 是否彼此相等?

(2)假如 r 个均值不全相等,哪些均值间的差异是重要的?

下面举例说明。

茶是一种饮料,它含有叶酸(folacin),这是一种维生素 B。如今要比较各种茶叶中的叶酸含量。

现选定绿茶,这是一个因子,用 A 表示。又选定四个产地的绿茶,记为 A_1, A_2, A_3, A_4,它是因子 A 的四个水平。

为测定试验误差,需要重复。各水平重复数相等的设计称为平衡设计。各水平重复数不等的设计称为不平衡设计。

如今我们选用不平衡设计,即 A_1, A_2, A_3, A_4 分别制作了 7,5,6,6 个样品,共有 24 个样品等待测试,这里一次测试就是一次试验。试验次序要随机化,为此把这 24 次试验按序编号。

在 1 到 24 个试验号中一个接一个地随机抽取,得到如下序列 9,13,2,20,18, 10,5,7,14,1,6,15,23,… 如表 4-2-2 所示。

表 4-2-2   试验数据

因子 A 的水平	试验编号						
A_1	1	2	3	4	5	6	7
A_2	8	9	10	11	12		
A_3	13	14	15	16	17	18	
A_4	19	20	21	22	23	24	

把试验结果"对号入座",填写试验结果如表 4-2-3 所示。

表 4-2-3   试验结果

因子 A 的水平	叶酸含量/mg							样本均值
A_1	7.9	6.2	6.6	8.6	8.9	10.1	9.6	8.27
A_2	5.7	7.5	9.8	6.1	8.4			7.50
A_3	6.4	7.1	7.9	4.5	5.0	4.0		5.82
A_4	6.8	7.5	5.0	5.3	6.1	7.4		6.35

计算偏差平方和:

在表 4 - 2 - 3 所列茶叶的叶酸含量数据中,水平 A_1 下有 7 个数据,其和是 $T_1 = 57.9$,则其偏差平方和:

$$Q_1 = 7.9^2 + 6.2^2 + 6.6^2 + 8.6^2 + 8.9^2 + 10.1^2 + 9.6^2 - \frac{57.9^2}{7}$$

$$= 12.83$$

其自由度 $f_1 = 7 - 1 = 6$。类似地,可算得另外三个平方和:

$$Q_2 = 11.30, f_2 = 4$$

$$Q_3 = 12.03, f_3 = 5$$

$$Q_4 = 5.61, f_4 = 5$$

计算各类平方和(表 4 - 2 - 4),首先列表计算诸 T_i 和 T,还可计算得 S_e。

表 4 - 2 - 4 　　　　　　　　　各类平方和

水平	数据	重复数	和	组内平方和
A_1	7.9　6.2　6.6　8.6　8.9　10.1　9.6	$m_1 = 7$	$T_1 = 57.9$	$Q_1 = 12.83$
A_2	5.7　7.5　9.8　6.1　8.4	$m_2 = 5$	$T_2 = 37.5$	$Q_2 = 11.30$
A_3	6.4　7.1　7.9　4.5　5.0　4.0	$m_3 = 6$	$T_3 = 34.9$	$Q_3 = 12.03$
A_4	6.8　7.5　5.0　5.3　6.1　7.4	$m_4 = 6$	$T_4 = 38.1$	$Q_4 = 5.61$
和		$n = 24$	$T = 168.4$	$S_e = 41.77$

$$S_A = \frac{57.9^2}{7} + \frac{37.5^2}{5} + \frac{34.9^2}{6} + \frac{38.1^2}{6} - \frac{168.4^2}{24} = 23.50, f_A = 3$$

$$S_T = (7.9^2 + 6.2^2 + \cdots + 6.1^2 + 7.4^2) - \frac{168.4^2}{24} = 65.27$$

$$S_e = 65.27 - 23.50 = 41.77$$

在方差分析表中,继续进行统计分析,结果见表 4 - 2 - 5。

表 4 - 2 - 5 　　　　　　　　　统计分析结果

来源	平方和	自由度	均方和	F 比
因子 A	23.50	3	7.83	3.75
误差 e	41.77	20	2.09	
和 T	65.27	23		

若取显著性水平 $\alpha = 0.05$。查表可得 $F_{0.95}(3, 20) = 3.10$。

由于 $F > 3.10$,故应拒绝原假设 H_0,即认为四种绿茶的叶酸平均含量有显著差异。

从方差分析表上还可以获得 σ^2 的无偏估计 $\hat{\sigma}^2 = 2.09, \hat{\sigma} = \sqrt{2.09} \approx 1.45$。

诸 μ_i 的点估计: $\hat{\mu}_i = \bar{y}_i, i = 1, 2, \cdots, r$。

诸 μ_i 的 $1 - \alpha$ 区间,可利用 t 分布获得,具体如下:

$$\bar{y}_i \pm t_{1-\alpha/2}(n-r)\hat{\sigma}/\sqrt{m_i}, i = 1, 2, \cdots, r$$

其中 $t_{1-\alpha/2}(n-r)$ 是自由度为 $n-r$ 的 t 分布的 $1-\alpha/2$ 分位数。

上述四种绿茶的叶酸平均含量的点估计分别为

$$\hat{\mu}_1 = 8.27, \hat{\mu}_2 = 7.50, \hat{\mu}_3 = 5.82, \hat{\mu}_4 = 6.35$$

其中 A_1 的叶酸平均含量最高,其均值 μ_1 的 95% 的置信区间为:

$$\bar{y}_1 \pm t_{0.975}(20)\hat{\sigma}/\sqrt{m_1}$$

$$= 8.27 \pm 2.0860 \times 1.45/\sqrt{7} = 8.27 \pm 1.14$$

故均值 μ_1 的 95% 的置信区间是 $[7.13, 9.41]$。

4.3 正交设计

正交试验法,它是根据正交性从全面试验中挑选出部分有代表性的点进行试验,这些有代表性的点具备了"均匀分散,整齐可比"的特点,能反映所选范围内的全面情况。

4.3.1 正交表

正交试验要选择合适的正交表,如假设 3 个因素各取 5 个参数,可选用五水平正交表 $L_{25}(5^6)$,如表 4-3-1,只需进行 25 次试验,大大减少了试验的次数。其中"L"代表正交表;L 右下角的数字"25"表示有 25 行,用这张正交表安排试验包含 25 个处理(水平组合);括号内的底数"5"表示因素的水平数,括号内 5 的指数"6"表示有 6 列,用这张正交表最多可以安排 6 个 5 水平因素。

表 4-3-1　　　　　　　　　正交表 $L_{25}(5^6)$

实验号	列号					
	1	2	3	4	5	6
1	1	1	1	1	1	1
2	1	2	2	2	2	2
3	1	3	3	3	3	3
4	1	4	4	4	4	4
5	1	5	5	5	5	5
6	2	1	2	3	4	5
7	2	2	3	4	5	1
8	2	3	4	5	1	2

续表

实验号	列号					
	1	2	3	4	5	6
9	2	4	5	1	2	3
10	2	5	1	2	3	4
11	3	1	3	5	2	4
12	3	2	4	1	3	5
13	3	3	5	2	4	1
14	3	4	1	3	5	2
15	3	5	2	4	1	3
16	4	1	4	2	5	3
17	4	2	5	3	1	4
18	4	3	1	4	2	5
19	4	4	2	5	3	1
20	4	5	3	1	4	2
21	5	1	5	4	3	2
22	5	2	1	5	4	3
23	5	3	2	1	5	4
24	5	4	3	2	1	5
25	5	5	4	3	2	1

正交表还具有以下两项特性：

①每一列中,不同的数字出现的次数相等；

②任意两列中数字的排列方式齐全而且均衡。

以上两点充分地体现了正交表的两大优越性,即"均匀分散,整齐可比"。通俗地说,每个因素的每个水平与另一个因素各水平各碰一次,这就是正交性。

4.3.2 正交实验设计步骤

例:为了解决花菜留种问题,以进一步提高花菜种子的产量和质量,科技人员考察了浇水、施肥、病害防治和移入温室时间对花菜留种的影响,进行了四个因素各两个水平的正交试验,各因素及其水平如表4-3-2所示。

表 4-3-2　　　　　　　　　　四因素两水平正交试验表

因素	水平 1	水平 2
A:浇水次数	不干死为原则,整个生长期只浇水 1~2 次	根据生长需水量和自然条件浇水,但不过湿
B:喷药次数	发现病害即喷药	每半月喷一次
C:施肥次数	开花期施硫酸铵	进室发根期、抽薹期、开花期和结果期各施肥一次
D:进室时间	11 月初	11 月 15 日

（1）确定目标、选定因素（包括交互作用）、确定水平:由项目描述可知这是一个四因素两水平的正交试验及分析问题。

（2）选用合适的正交表:当不考虑交互作用时,只需选择满足 4 因素 2 水平的正交实验表;当考虑交互作用时,即 A 与 B、A 与 C 的交互作用,需要增加 2 个因素,需选择满足 6 因素 2 水平的正交实验表。所以可选用正交表 $L_8(2^7)$。

（3）按选定的正交表设计表头,确定试验方案。

考虑交互作用 $A \times B$ 和 $A \times C$,则例子的表头可设计为表 4-3-3 的形式。

表 4-3-3　　　　　　　　　　表头设计

列号	1	2	3	4	5	6	7
因子	A	B	$A \times B$	C	$A \times C$		D

只需将各列中的数字"1"、"2"分别理解为所填因素在试验中的水平数,每一行就是一个试验方案。第 6 列为空白列,当随机误差列;也可把第 7 列作空白列。一般要求至少有一个空白列。

（4）组织实施试验:按所选定的正交试验方案组织试验,记录试验结果如表 4-3-4。

表 4-3-4　　　　　　　　　　试验结果表

水平　试验号 列号	A	B	$A \times B$	C	$A \times C$		D	产量
	1	2	3	4	5	6	7	
1	1	1	1	1	1	1	1	350
2	1	1	1	2	2	2	2	325
3	1	2	2	1	1	2	2	425
4	1	2	2	2	2	1	1	425
5	2	1	2	1	2	1	2	200
6	2	1	2	2	1	2	1	250
7	2	2	1	1	2	2	1	275
8	2	2	1	2	1	1	2	375

（5）试验结果分析

①计算极差，确定因素的主次顺序：第 j 列的极差

$$R_j = \max_i \{T_{ij}\} - \min_i \{T_{ij}\} \text{ 或 } R_j = \max_i \{\overline{T}_{ij}\} - \min_i \{\overline{T}_{ij}\}$$

极差越大，说明这个因素的水平改变对试验结果的影响越大，极差最大的那个因素，就是最主要的因素。

对此例来说，各因素的主次顺序为 $A \rightarrow B \rightarrow A \times C \rightarrow C \rightarrow D \rightarrow A \times B$。

②确定最优方案：如果不考虑交互作用，则根据各因素在各水平下的总产量或平均产量的高低确定最优方案；如果考虑交互作用，则取各种搭配下产量的平均数，按优化标准确定最优方案。

本例中，不考虑交互作用，在方案 $A_1 B_2 C_2 D_2$ 最优，但交互作用 $A \times C$ 是第三重要因素，所以需考虑 A、C 的搭配对实验指标的影响，取 $A_i B_j$ 的各种搭配的平均数，结果是 A_1 与 C_1 搭配最好，故本问题的最优方案为 $A_1 B_2 C_1 D_2$。

因此通过正交试验我们可以得到两类收获。第一类是拿到手的结果，即在试验中那组参数得到的效果最好。第二类是认识和展望，试验的条件在全体可能的条件中只是很小的一部分，所以还可能扩大，精益求精，寻求更好的条件。利用正交表的计算分析，分辨出主次因素，预测更好的水平组合，为进一步的试验提供有分量的依据。

4.4　均匀设计

均匀设计是只考虑试验点在试验范围内均匀散布的一种试验设计方法，用均匀设计表安排实验。

4.4.1　概述

（1）均匀性。均匀性原则是试验设计优化重要原则之一。在试验设计的方案设计中，使试验点按一定规律充分均匀地分布在试验区域内，每个试验点都具有一定的代表性，则称该方案具有均匀性。

（2）均匀试验设计的优点。均匀试验设计相对于全面试验和正交试验设计的最主要的优点是大幅度地减少试验次数，缩短试验周期，从而大量节约人工和费用。对于 4 因素 5 水平即 5^4 试验，如果进行全面试验需做 625 次试验，利用正交表 $L_{25}(5^6)$ 安排试验至少要做 25 次试验，但用均匀设计表 $U_5(5^4)$ 安排试验，只需做 5 次试验即可。再如，对于 7^6 试验，若进行全面试验，需做 117649 次试验，若进行正交试验设计，选取 $U_7(7^6)$ 均匀设计表，只需做 7 次试验即可，重复一次，也不过做 14 次试验。因此，对于试验因素较多，特别是对于因素水平多而又希望试验次数少的试验，对于筛选因素或收缩试验范围进行逐步择优的场合，对于复杂数学试验的择优计算等，均匀试验设计是非常有效的试验设计方法。

(3)均匀实验设计的应用。由于均匀试验设计使试验周期大大缩短,节省了大量的费用,所以均匀试验设计方法一出现就在工业生产中得到应用,也取得了有效的成果。

4.4.2 均匀设计表

均匀设计表是一种规格化的表格,是均匀试验设计的基本工具。均匀设计表仿照正交表以 $U_n(m^k)$ 表示。表中 U 是均匀设计表代号,n 表示横行数即试验次数,m 表示每纵列中的不同字码的个数,即每个因素的水平数,k 表示纵列数,即该均匀设计表最多安排的因素数。表 4 – 4 – 1 是一张 $U_7(7^6)$ 均匀设计表,可安排 7 个水平 6 个因素的试验,只做 7 次试验即可。

均匀设计表具有以下特点:

(1)表中安排的因素及其水平的每个因素的每个水平只做一次试验,亦即每 1 列无水平重复数。

(2)试验分点分布得比较均匀。

(3)均匀设计表的试验次数与水平数相等,即 $n = m$,因而水平数和试验次数是等量增加,这和 $L_n(m^k)$ 型正交表大不相同。例如,水平数从 7 水平增加到 8 水平时,对于均匀试验设计,试验次数从 7 次增加到 8 次,但对于正交试验设计,则试验次数从 49 次增加到 64 次,按平方关系增加。均匀试验设计增加因素水平,使试验工作量增加不多,这是均匀试验设计的最大优点。

(4)均匀设计表中各列的字码次序不能随意改动。

表 4 – 4 – 1 $U_7(7^6)$

试验号＼列号	1	2	3	4	5	6
1	1	2	3	4	5	6
2	2	4	6	1	3	5
3	3	6	2	5	1	4
4	4	1	5	2	6	3
5	5	3	1	6	4	2
6	6	5	4	3	2	1
7	7	7	7	7	7	7

4.4.3 均匀设计实验方案

均匀试验设计时主要根据因素水平来选用均匀设计表,并按均匀设计表的使用来安排试验方案。但要注意,方案设计时不考虑因素间的交互作用。

以下结合实例说明均匀实验设计与数据分析。

例:青霉素球菌原材料的配方在经过多次反复试验和筛选优化,取得较好的效果。为进一步降低原材料消耗和提高发酵单位,采用均匀试验设计方法进行优化。本试验的目的是降低原材料消耗和提高发酵单位。试验考核指标是发酵单位$y(\mu g/mg)$。

步骤1:因素与水平均数的选取。

在原来试验的基础上并结合专业知识,选择6个因素,并确定它们的变化范围:

$$x_1 = 1.0 \sim 3.0, x_2 = 0.46 \sim 0.62, x_3 = 1.5 \sim 3.5,$$
$$x_4 = 0.006 \sim 0.118, x_5 = 0.14 \sim 0.26, x_6 = 0.6 \sim 0.8$$

每个因素均取5个水平,因素水平如表4-4-2所示。

表4-4-2　　　　　　　　　　　　　　因素水平表

因素 / 水平	x_1	x_2	x_3	x_4	x_5	x_6
1	1.0	0.50	2.5	0.112	0.23	0.8
2	1.5	0.54	3.0	0.115	0.26	0.6
3	2.0	0.58	3.5	0.118	0.14	0.65
4	2.5	0.62	1.5	0.006	0.17	0.7
5	3.0	0.46	2.0	0.009	0.20	0.75

步骤2:选择均设计表,进行表头设计。

表4-4-3　　　　　　　　　　　　$U_{10}(10^{10})$均匀设计表

列号 / 试验号	1	2	3	4	5	6	7	8	9	10
1	1	2	3	4	5	6	7	8	9	10
2	2	4	6	8	10	1	3	5	7	9
3	3	6	9	1	4	7	10	2	5	8
4	4	8	1	5	9	2	6	10	3	7
5	5	10	4	9	3	8	2	7	1	6
6	6	1	7	2	8	3	9	4	10	5
7	7	3	10	6	2	9	5	1	8	4
8	8	5	2	10	7	4	1	9	6	3
9	9	7	5	3	1	10	8	6	4	2
10	10	9	8	7	6	5	4	3	2	1

本试验是 5^6 型试验即 6 因素 5 水平,可以选取 $U_6(6^6)$、$U_8(8^6)$、$U_{10}(10^{10})$ 等偶数均匀设计表,亦可选择 $U_7(7^6)$、$U_9(9^6)$、$U_{11}(11^{10})$ 等奇数均匀设计表。为提高试验精度和可靠性,选取均匀设计表 $U_{10}(10^{10})$,并运用拟水平法来安排试验。表 4 – 4 – 3 及表 4 – 4 – 4 是 $U_{10}(10^{10})$ 均匀设计表及其使用表。根据 $U_{10}(10^{10})$ 的使用表,6 个因素分别安排在第 1、2、3、5、7、10 列上,如表 4 – 4 – 5 所示。

表 4 – 4 – 4 　　　　　　　　　　$U_{10}(10^{10})$ 的使用表

因素数	列号									
2	1	7								
3	1	5	7							
4	1	2	5	7						
5	1	2	3	5	7					
6	1	2	3	5	7	10				
7	1	2	3	4	5	7	10			
8	1	2	3	4	5	6	7	10		
9	1	2	3	4	5	6	7	9	10	
10	1	2	3	4	5	6	7	8	9	10

表 4 – 4 – 5 　　　　　　　　　　表头设计

因　素	x_1	x_2	x_3		x_4		x_5			x_6
列　号	1	2	3	4	5	6	7	8	9	10

步骤 3. :试验方案及其实施。

表头设计完成后,将因素的水平运用拟水平方法的原则填到 $U_{10}(10^{10})$ 均匀设计表上,得试验方案。经过试验得到 10 个试验数据填在表上,如表 4 – 4 – 6 所示。

表 4 – 4 – 6 　　　　　　　　　　试验方案与结果

列号　因素 试验号	x_1 1	x_2 2	x_3 3	x_4 5	x_5 7	x_6 10	试验结果 $y/(\mu g/mg)$
1	1(1.0)	2(0.54)	3(3.5)	(0.009)	7(0.26)	10(0.75)	28625
2	2(1.5)	4(0.62)	6(2.5)	10(0.009)	3(0.14)	9(0.70)	29558
3	3(2.0)	6(0.50)	9(1.5)	4(0.006)	10(0.20)	8(0.65)	26008
4	4(2.5)	8(0.58)	1(2.5)	9(0.006)	6(0.23)	7(0.60)	31133
5	5(3.0)	10(0.46)	4(1.5)	3(0.118)	2(0.26)	6(0.80)	29641

续表

列号 试验号	因素	x_1 1	x_2 2	x_3 3	x_4 5	x_5 7	x_6 10	试验结果 $y/(\mu g/mg)$
6		6(1.0)	1(0.50)	7(3.0)	8(0.118)	9(0.17)	5(0.75)	27175
7		7(1.5)	3(0.58)	10(2.0)	2(0.115)	5(0.20)	4(0.70)	27858
8		8(2.0)	5(0.46)	2(3.0)	7(0.115)	1(0.23)	3(0.65)	28692
9		9(2.5)	7(0.46)	5(2.0)	1(0.112)	8(0.14)	2(0.60)	31796
10		10(3.0)	9(0.62)	8(3.5)	6(0.112)	4(0.17)	1(0.80)	26908
对照		2.5	0.58	2.5	0.115	0.23	0.75	30542

步骤4:试验结果计算分析。

由表4-4-6看出,对试验结果的直接分析,得第9号试验的指标值最高(31796μg/mg),并且比对照值高。

为提高试验结果分析的精度,并对优化条件进行预测,对试验结果的数据正规化处理后输入计算机,经过多次多项式回归拟合得如下回归方程:

$$\hat{y} = 169210.80 + 14340.7x_1 + 16426.51x_4 - 387741.60x_5$$
$$- 304332.50x_6 - 213.23x_1^2 + 1012.869x_5^2 + 202045.70x_6^2$$

再经过计算得:$R = 0.9890998$,$S = 581.39$,$F = 12.777$ 查 F 分布表得 $F_{0.10} = 90.35$。回归方程 F 检验基本通过。对回归系数的检验也基本通过。

最后,对上面的回归方程求极值,结合专业知识和实际经验,预测到优化配方为

$$x_1 = 1.0, x_2 = 0.46, x_3 = 1.5, x_4 = 0.112, x_5 = 0.14, x_6 = 0.6$$

$\hat{y}$ 值的预测值波动范围为 31396~34882。为了再现所得到的指标值的可靠性,优化配方进行试验,得到 $\hat{y} = 32100$。该指标值在预测范围内,并且比以前试验的最好结果(对照)30542,以及均匀试验设计得到的试验最好的结果(第9号试验)31796好得多。

本项目运用均匀试验设计技术,基本达到试验的目的。经过测算,优化后配方比对照平均降低原材料消耗34%,平均提高发酵单位5%,并且取得良好的经济效益。这也证明了均匀试验设计是一项新的、先进的试验设计优化技术,完全可以推广到其他抗生素原材料配方优化试验设计中,为科学试验探索出一条新路。

5 认知实验

5.1 概述

认知实验是通过将基本教学内容转移到实物模型陈列室进行教学,是工程力学、机械原理、机械设计、互换性与技术测量等课程的重要教学环节。通过认知实验,可增强学生对机械零部件和机构运动形式的感性认识,弥补空间想象力和形象思维能力的不足;加深对教学基本内容的理解;促进学生自学能力和独立思考能力的提高。此外,丰富的实物模型有助于学生扩大知识面、激发学习兴趣。

5.2 机械原理认知实验

5.2.1 实验目的

(1)了解机器的组成原理,加深对机器的感性认识。

(2)了解机器的常用机构的结构、类型、特点及应用。

5.2.2 实验设备

(1)机械原理系列语言多功能控制陈列柜。

(2)趣味自动机械系统展示台。

5.2.3 实验方法

通过观察机械原理陈列柜展示的各种常用机构模型,增强学生对机构与机器的感性认识。

5.2.3.1 机械原理系列语言多功能控制陈列柜

(1)机器与机构的组成。观察机器的模型和机构,使学生认识到机器是由一个机构或几个机构按照一定运动要求组合而成的。因此掌握各种机构的运动特性,有利于研究各种机器的特性。在机械原理中,运动副是以两构件的直接接触形式的可动联接及运动特征来命名的,如高副、低副、转动副、移动副等。

(2)平面连杆机构形式。四杆机构在平面连杆机构中结构最简单,应用最广泛。四杆机构分成 3 大类,即铰链四杆机构、单移动副机构和双移动副机构。

(3)平面连杆机构的应用。介绍了平面连杆机构的应用,如摄影机平台机构、惯性筛机构等。

(4)凸轮机构。凸轮机构主要用于把主动构件的连续运动转变为从动件按照预定规律的运动。通过设计凸轮廓线可以使从动件获得任意的运动规律。凸轮机构主要由3部分组成,即凸轮、从动件及机架。

(5)齿轮机构。齿轮机构是现代机械中应用最广泛的一种传动机构。根据轮齿的形状,齿轮分为直齿圆柱齿轮、斜齿圆柱齿轮、圆锥齿轮及蜗轮蜗杆。根据主、从动轮的两轴线相对位置,齿轮可分为平行轴传动、相交轴传动、交错轴传动三大类。

(6)轮系的类型。介绍了周转轮系的类型及其结构。其中包括行星轮系和差动轮系。

(7)轮系的功用。介绍了周转轮系的应用情况。

(8)间歇运动机构。介绍了常用间歇机构如棘轮机构、槽轮机构、不完全齿轮机构的结构形式。

(9)组合机构。介绍了由一个或几个机构按照一定的运动要求串、并联组合而成的组合机构的结构形式。

(10)机构创新。介绍了部分创新机构的结构形式及应用。

5.2.3.2　趣味自动机械系统展示台

趣味自动机械系统展示台通过描述小孩一天的生活,用不同的传动机构来实现小孩生活的自动化,重点让学生了解常用的传动机构,如链传动、同步带传动、齿轮啮合传动、槽轮机构等。

5.3　机械设计认知实验

5.3.1　实验目的

(1)了解机器的组成。

(2)掌握常见零件组成的机构类型、特点、用途、基本原理及运动特性。

(3)通过对机械零部件、机械结构及装配的展示与分析,增加直观认识,培养对机械设计课程学习的兴趣。

5.3.2　实验设备

机械零件陈列柜、机械设计课程设计陈列柜。

5.3.3　实验方法

通过观察机械零件陈列柜了解常见零件组成的机构类型、特点、用途、基本原理及其运动特性。

（1）螺纹联接的类型。螺纹联接是利用螺纹零件工作的，主要用作紧固零件。基本要求是保证联接强度及联接可靠性。介绍了螺纹的种类、螺纹联接的防松、提高螺纹联接强度的措施等。

（2）螺纹联接的应用。介绍了螺栓、螺钉、螺母等方面的应用。

（3）键、花键和无键联接。介绍了键、花键和无键联接的机构形式及其应用。

（4）铆、焊、胶接和过盈配合联接。介绍了机械设计中其他联接方式，如铆接、焊接、胶接等联接方式的结构。

（5）带传动。介绍了带传动的结构形式、带的类型等。

（6）链传动。介绍了链传动结构形式及其传动特点等。

（7）齿轮传动。介绍了齿轮的传动特点，齿轮传动的结构形式等。

（8）蜗轮蜗杆传动。介绍了蜗轮蜗杆传动的特点及其机构形式等。

（9）滑动轴承的类型。介绍了滑动轴承结构形式及其润滑方式等。

（10）滚动轴承的类型。介绍了滚动轴承的结构形式和滚子类型等。

（11）轴承装置设计。介绍了不同的轴承装置设计形式。

（12）联轴器。介绍了不同的联轴器结构形式及其传动特点。

（13）离合器。介绍了不同离合器的结构形式及其传动特点。

（14）轴的分析与设计。介绍了轴的不同结构形式、设计特点等。

（15）弹簧。介绍了弹簧的应用、种类等。

（16）减速器。介绍了常见减速器的结构形式。

（17）润滑与密封。介绍了润滑的形式、润滑剂的类型和密封方法等。

（18）小型机器应用示例。展示了部分小型机器的结构特点及其零件构成等。

5.4　热处理工艺认知实验

热处理（heat treatment），是指对固态金属或合金采用适当方式加热、保温和冷却，以获得所需要的组织结构与性能的加工方法，热处理加工是机械制造中不可或缺的环节。

在从石器时代进展到铜器时代和铁器时代的过程中，热处理的作用逐渐为人们所认识。早在公元前770至前222年，中国人在生产实践中就已发现，铜铁的性能会因温度和加压变形的影响而变化。白口铸铁的柔化处理就是制造农具的重要工艺。

公元前6世纪，钢铁兵器逐渐被采用，为了提高钢的硬度，淬火工艺遂得到迅速发展。中国河北省易县燕下都出土的两把剑和一把戟，其显微组织中都有马氏体存在，说明是经过淬火的。

随着淬火技术的发展，人们逐渐发现淬冷剂对淬火质量的影响。三国蜀人蒲元曾在今陕西斜谷为诸葛亮打制3000把刀，相传是派人到成都取水淬火的。这说明中国在古代就注意到不同水质的冷却能力了，同时也注意了油和尿的冷却能力。

中国出土的西汉(公元前206年至公元前25年)中山靖王墓中的宝剑,心部含碳量为0.15%~0.4%,而表面含碳量却达0.6%以上,说明已应用了渗碳工艺。但当时作为个人"手艺"的秘密,不肯外传,因而发展很慢。

热处理工艺一般包括加热、保温、冷却三个过程,有时只有加热和冷却两个过程。这些过程互相衔接,不可间断。

5.4.1 热处理工艺的分类

金属热处理工艺大体可分为整体热处理、表面热处理和化学热处理三大类。根据加热介质、加热温度和冷却方法的不同,每一大类又可区分为若干不同的热处理工艺。同一种金属采用不同的热处理工艺,可获得不同的组织,从而具有不同的性能。钢铁是工业上应用最广的金属,而且钢铁显微组织也最为复杂,因此钢铁热处理工艺种类繁多。

整体热处理是对工件整体加热,然后以适当的速度冷却,获得需要的金相组织,以改变其整体力学性能的金属热处理工艺。钢铁整体热处理大致有退火、正火、淬火和回火四种基本工艺。

退火是将工件加热到适当温度,根据材料和工件尺寸采用不同的保温时间,然后进行缓慢冷却,目的是使金属内部组织达到或接近平衡状态,获得良好的工艺性能和使用性能,或者为进一步淬火作组织准备。

正火是将工件加热到适宜的温度后在空气中冷却,正火的效果同退火相似,只是得到的组织更细,常用于改善材料的切削性能,也有时用于对一些要求不高的零件作为最终热处理。

淬火是将工件加热保温后,在水、油或其他无机盐、有机水溶液等淬冷介质中快速冷却。淬火后钢件变硬,但同时变脆。图5-4-1是淬火后的工件。

图5-4-1 淬火后的工件

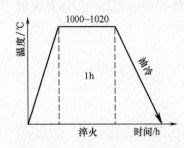

图 5 - 4 - 2　淬火与回火工艺曲线图

为了降低钢件的脆性,将淬火后的钢件在高于室温而低于 650℃ 的某一适当温度进行长时间的保温,再进行冷却,这种工艺称为回火。图 5 - 4 - 2 是淬火与回火工艺曲线图。

退火、正火、淬火、回火是整体热处理中的"四把火",其中的淬火与回火关系密切,常常配合使用,缺一不可。

"四把火"随着加热温度和冷却方式的不同,又演变出不同的热处理工艺。为了获得一定的强度和韧性,把淬火和高温回火结合起来的工艺,称为调质。某些合金淬火形成过饱和固溶体后,将其置于室温或稍高的适当温度下保持较长时间,以提高合金的硬度、强度或电磁性等,这样的热处理工艺称为时效处理。

把压力加工形变与热处理有效而紧密地结合起来进行,使工件获得很好的强度、韧性配合的方法称为形变热处理;在负压气氛或真空中进行的热处理称为真空热处理,它不仅能使工件不氧化,不脱碳,保持处理后工件表面光洁,提高工件的性能,还可以通入渗剂进行化学热处理。

表面热处理是只加热工件表层,以改变其表层力学性能的金属热处理工艺。为了只加热工件表层而不使过多的热量传入工件内部,使用的热源须具有高的能量密度,即在单位面积的工件上给予较大的热能,使工件表层或局部能短时或瞬时达到高温。表面热处理的主要方法有火焰淬火和感应加热热处理,常用的热源有氧乙炔或氧丙烷等火焰、感应电流、激光和电子束等。

化学热处理是通过改变工件表层化学成分、组织和性能的金属热处理工艺。化学热处理与表面热处理不同之处是前者改变了工件表层的化学成分。化学热处理是将工件放在含碳、氮或其他合金元素的介质(气体、液体、固体)中加热,保温较长时间,从而使工件表层渗入碳、氮、硼和铬等元素。渗入元素后,有时还要进行其他热处理工艺如淬火及回火。化学热处理的主要方法有渗碳、渗氮、渗金属。

热处理是机械零件和模具制造过程中的重要工序之一。大体来说,它可以保证和提高工件的各种性能,如耐磨、耐腐蚀等。还可以改善毛坯的组织和应力状态,以利于进行各种冷、热加工。

5.4.2　热处理工艺制定

(1)正火:将钢材或钢件加热到临界点 A_{c3} 或 A_{cm} 以上的适当温度保持一定时间后在空气中冷却,得到珠光体类组织的热处理工艺。

(2)退火:将亚共析钢工件加热至 A_{c3} 以上 20 ~ 40℃,保温一段时间后,随炉缓慢冷却(或埋在砂中或石灰中冷却)至 500℃ 以下在空气中冷却的热处理工艺。

（3）固溶热处理：将合金加热至高温单相区恒温保持，使过剩相充分溶解到固溶体中，然后快速冷却，以得到过饱和固溶体的热处理工艺。

（4）时效：合金经固溶热处理或冷塑性形变后，在室温放置或稍高于室温保持时，其性能随时间而变化的现象。

（5）固溶处理：使合金中各种相充分溶解，强化固溶体并提高韧性及抗蚀性能，消除应力与软化，以便继续加工成型。

（6）时效处理：在强化相析出的温度加热并保温，使强化相沉淀析出，得以硬化，提高强度。

（7）淬火：将钢奥氏体化后以适当的冷却速度冷却，使工件在横截面内全部或一定的范围内发生马氏体等不稳定组织结构转变的热处理工艺。图 5 - 4 - 3 是 50CrVA 淬火金相组织。

图 5 - 4 - 3　50CrVA 弹簧钢 880℃
淬油金相组织

（8）回火：将经过淬火的工件加热到临界点 A_{C1} 以下的适当温度保持一定时间，随后用符合要求的方法冷却，以获得所需要的组织和性能的热处理工艺。

（9）钢的碳氮共渗：碳氮共渗是向钢的表层同时渗入碳和氮的过程。习惯上碳氮共渗又称为氰化，目前以中温气体碳氮共渗和低温气体碳氮共渗（即气体软氮化）应用较为广泛。中温气体碳氮共渗的主要目的是提高钢的硬度、耐磨性和疲劳强度。低温气体碳氮共渗以渗氮为主，其主要目的是提高钢的耐磨性和抗咬合性。

（10）调质处理：一般习惯将淬火与高温回火相结合的热处理称为调质处理。调质处理广泛应用于各种重要的结构零件，特别是那些在交变负荷下工作的连杆、螺栓、齿轮及轴类等。调质处理后得到回火索氏体组织，它的机械性能均比相同硬度的正火索氏体组织为优。它的硬度取决于高温回火温度并与钢的回火稳定性和工件截面尺寸有关，一般在 200 ~ 350HB。

（11）钎焊：用钎料将两种工件粘合在一起的热处理工艺。

5.4.3　回火的种类与应用

根据工件性能要求的不同，按其回火温度的不同，可将回火分为以下几种：

（1）低温回火（150 ~ 250℃）　低温回火所得组织为回火马氏体。其目的是在保持淬火钢的高硬度和高耐磨性的前提下，降低其淬火内应力和脆性，以免使用时崩裂或过早损坏。它主要用于各种高碳钢的切削刀具、量具、冷冲模具、滚动轴承以及渗碳件等，回火后硬度一般为 58 ~ 64HRC。

（2）中温回火（250 ~ 500℃）　中温回火所得组织为回火屈氏体。其目的是获得高的屈服强度，弹性极限和较高的韧性。因此，它主要用于各种弹簧和热作模具的处理,回火后硬度一般为 35 ~ 50HRC。

（3）高温回火（500 ~ 650℃）　高温回火所得组织为回火索氏体。习惯上将淬火加高温回火相结合的热处理称为调质处理,其目的是获得强度、硬度和塑性、韧性都较好的综合机械性能。因此,广泛用于汽车,拖拉机,机床等的重要结构零件,如连杆,螺栓,齿轮及轴类。回火后硬度一般为 200 ~ 330HB。

6 基础实验

6.1 概述

基础实验以学生自己操作为主，要求学生学会使用实验仪器设备，掌握实验步骤。通过基础实验教学，应达到以下目标：

(1)掌握机械基础实验课程中基本的机械实验方法；

(2)巩固机械基础课程所要求的理论知识，加强实践认识，提高实践能力。

6.2 低碳钢和铸铁的拉伸实验

6.2.1 实验目的

(1)测定低碳钢的弹性模量、屈服极限、强度极限、伸长率和断面收缩率。

(2)测定铸铁的强度极限。

(3)观察低碳钢拉伸过程中的弹性、屈服、强化、颈缩、断裂等物理现象。

(4)了解材料试验机的构造和原理，掌握其操作规程及使用时的注意事项。

6.2.2 实验设备和工具

(1)10t 电子万能试验机。

(2)千分尺和游标卡尺。

(3)低碳钢和铸铁圆形截面试件。

6.2.3 试件介绍

由于试件的形状和尺寸对实验结果有一定的影响，为便于互相比较，应按统一规定加工成标准试件。按国家有关标准的规定，拉伸试件分为比例试件和非比例试件两种。在试件中部，用来测量试件伸长的长度，称为原始标距(简称标距)。比例试件的标距 l_0 与原始横截面面积 A_0 的关系规定为：

$$l_0 = k \sqrt{A_0}$$

式中系数 k 的取值为 5.65 时为短试件，取 11.3 时为长试件。对直径为 d_0 的圆截面试件，短试件和长试件的标距 l_0 分别为 5 d_0 和 10 d_0。非比例试件的 l_0 和 A_0 不受上述关系限制。本实验采用圆截面的短试件，即 $l_0 = 5d_0$。

6.2.4 实验原理及方法

常温下的拉伸实验可以测定材料的弹性模量 E、屈服极限 σ_s、强度极限 σ_b、伸长率 δ 和断面收缩率 Ψ 等力学性能指标,这些参数都是工程设计的重要依据。

6.2.4.1 低碳钢弹性模量 E 的测定

由材料力学可知,弹性模量是材料在弹性变形范围内应力与应变的比值,即

$$E = \frac{\sigma}{\varepsilon}$$

因为 $\sigma = \frac{p}{A}$,$\varepsilon = \frac{\Delta L}{L_0}$,所以弹性模量 E 又可以表示为:

$$E = \frac{pL_0}{A\Delta L}$$

式中　E——材料的弹性模量

　　　　σ——应力

　　　　ε——应变

　　　　p——实验时所施加的荷载

　　　　A——以试件直径的平均值计算的横截面面积

　　　　L_0——引伸仪标距

　　　　ΔL——试件在载荷 p 作用下,标距 L_0 段的伸长量

6.2.4.2 屈服极限 σ_s、强度极限 σ_b 的测定

测定弹性模量后继续加载使材料达到屈服阶段,进入屈服阶段时,载荷有上下波动,其中较大的载荷称上屈服点,较小的称下屈服点。一般用第一个波峰的下屈服点表示材料的屈服载荷 P_s,它所对应的应力即为屈服极限 σ_s。

屈服阶段过后,材料进入强化阶段,试件又恢复了承载能力。载荷达到最大值 P_b 时,试件某一局部的截面明显缩小,出现"颈缩"现象。这时荷载迅速下降,试件即将被拉断。这时观察最大的载荷即为破坏载荷 P_b,所对应的应力叫强度极限 σ_b。

6.2.4.3 伸长率 δ 和断面收缩率 Ψ 的测定

试件的原始标距为 l_0(本实验取 100mm),拉断后将两段试件紧密对接在一起,量出拉断后的标距长 l_1,伸长率应为

$$\delta = \frac{l_1 - l_0}{l_0} \times 100\%$$

式中　l_0——试件原始标距,为 100mm

　　　　l_1——试件拉断后标距长度

对于塑性材料,断裂前变形集中在紧缩处,该部分变形最大,距离断口位置越远,变形越小,即断裂位置对伸长率是有影响的。为了便于比较,规定断口在标距中央 1/3 范围内测出的伸长率为测量标准。如断口不在此范围内,则需进行折算,

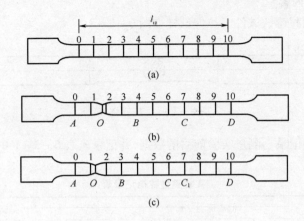

图 6-2-1 断口移中示意图

（a）原试样 （b）、（c）断口移中

也称断口移中。具体方法如下：以断口 O 为起点，在长度上取基本等于短段格数得到 B 点，当长段所剩格数为偶数时 [见图 6-2-1(b)]，则由所剩格数的一半得到 C 点，取 BC 段长度将其移至短段边，则得断口移中的标距长，其计算式为：

$$l_1 = \overline{AB} + 2\,\overline{BC}$$

如果长段取 B 点后所剩格数为奇数见图 6-2-1(c)，则取所剩格数之半加半格得 C_1 点和减半格得 C 点，移中后标距长为：

$$l_1 = \overline{AB} + \overline{BC_1} + \overline{BC}$$

将计算所得的 l_1 代入式中，可求得折算后的伸长率 δ。

为了测定低碳钢的断面收缩率，试件拉断后，在断口处两端沿互相垂直的方向各测一次直径，取平均值 d_1 计算断口处横截面面积，再按下式计算面积收缩率：

$$\psi = \frac{A_0 - A_1}{A_0} \times 100\%$$

式中 A_0——试件原始横截面面积

A_1——试件拉断后断口处最小面积

6.2.5 实验步骤和内容

6.2.5.1 实验步骤

（1）取标距 $L = 100\text{mm}$ 画线。

（2）取上、中、下三点，沿垂直方向测量直径，取平均值。

（3）调整夹具，装载试样。

（4）在计算机操作软件上将力显示值和变形量显示值清零。

（5）开始试验，直至材料断裂。

（6）记录数据，测量低碳钢断裂后标距长度 l_1，颈缩处最小直径 d_1。

6.2.5.2　实验内容

（1）低碳钢和铸铁试件　拉伸试样如图 6 - 2 - 2。

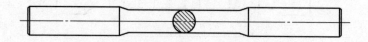

图 6 - 2 - 2　拉伸试样

（2）测量和记录　测量实验前后的数据，并记录入表 6 - 2 - 1 中。

表 6 - 2 - 1　　　　　　　　　实验测量数据记录表

实验前		低碳钢	铸铁	实验后	低碳钢	铸铁
初始标距 l_0/mm				断裂后标距 l_1/mm		
直径 d_0/mm	上			最小直径 d_1/mm		
	中					
	下					
初始截面面积 A_0/mm²				断口处截面面积 A_1/mm²		

（3）计算结果　计算试样的屈服极限、强度极限、伸长率等并记录入表 6 - 2 - 2 中。

表 6 - 2 - 2　　　　　　　　　数据结构记录表

名称	低碳钢	铸铁
屈服荷载 P_s		
极限荷载 P_b		
屈服极限 $\sigma_s = P_s/A_0$		
强度极限 $\sigma_b = P_b/A_0$		
伸长率 $\delta = (l_1 - l_0)/l_0 \times 100\%$		
截面收缩率 $\Psi = (A_0 - A_1)/A_0 \times 100\%$		

6.3　低碳钢和铸铁的扭转实验

6.3.1　实验目的

（1）测定低碳钢在扭转时的机械性能，求得低碳钢的剪切屈服极限，剪切强度极限。

（2）测定铸铁的剪切强度极限。

（3）观察并比较低碳钢及铸铁试件扭转破坏的情况。

6.3.2 实验要求

（1）复习课本中有关杆件扭转的内容；认真预习本次实验内容和实验设备介绍中扭转试验机的构造原理、操作方法及注意事项。

（2）分析圆杆扭转时，横截面上有什么应力？与轴线成45°的截面上有什么应力？

6.3.3 实验设备和工具

（1）CTT502型扭转实验机。
（2）千分尺和游标卡尺。
（3）低碳钢和铸铁圆形截面试件。

6.3.4 实验步骤和内容

6.3.4.1 实验步骤

（1）测量试件直径。在标距长度内测量三处，每处在两个相互垂直的方向各测量一次并取其算数平均值，采用三个数值中的最小值为计算直径 d_0。

（2）安装试件，将计算机操作软件上力值和应变值清零。

（3）试验时缓慢加载，观察屈服现象，记录屈服扭矩 M_s 的数值，最大扭矩 M_b 的数值，观察断口形状。

6.3.4.2 实验内容

（1）数据记录　将试件直径、标距等数据记录入表6-3-1中。

（2）计算结果　计算试样的强度极限、单位长度扭转角等数据，并记录入表6-3-1中。

表6-3-1　　　　　　　　数据记录表

试 件			低碳钢	铸铁
直径 d_0/mm				
标距 L_0/mm				
抗扭截面系数 $W_p = \pi d_0^3/16$				
屈服扭矩　M_s　/(N·m)				
屈服应力/MPa　$\tau_s = 3M_s/4W_p$				
破坏时的扭矩　M_b(N·m)				
强度极限	低碳钢	$\tau_b = 3M_b/4W_p$		
	铸铁	$\tau_b = M_b/W_p$		
总扭转角　ϕ				
单位长度扭转角/(°/mm)$\theta = \phi/L_0$				

6.4 低碳钢和铸铁的冲击实验

6.4.1 实验目的

(1)熟悉材料的冲击实验方法,测定低碳钢与铸铁的冲击韧度 α_k 值。

(2)观察低碳钢与铸铁两种材料在常温下的冲击破坏情况和断口形貌,并进行比较。

6.4.2 实验设备和仪器

(1)ZBC2302 – 1 型冲击试验机。

(2)游标卡尺。

6.4.3 实验试件

冲击实验试件形状与尺寸见图 6 – 4 – 1。

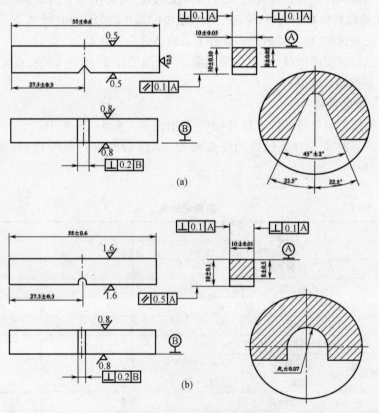

图 6 – 4 – 1 冲击试样尺寸图

(a)V 形缺口试件 (b)U 形缺口试件

冲击韧度 α_k 的数值与试件的尺寸、缺口形状和支承方式有关。为了对实验结果进行比较,正确地反映材料抵抗冲击的能力,国家标准 GB/T 229 - 1994 规定的冲击试件有 V 形缺口和 U 形缺口两种形式。

本实验采用 10mm × 10mm × 55mm 带有 2mm 深的 V 形缺口试件。

6.4.4 实验原理和方法

变形速度不同,材料的力学性能也会随之发生变化。在工程上常采用"冲击韧度"来表示材料抵抗冲击的能力。材料力学实验中的冲击实验采用的是常温简支梁的大能量一次冲击实验,冲击试验机如图 6 - 4 - 2(a)所示。

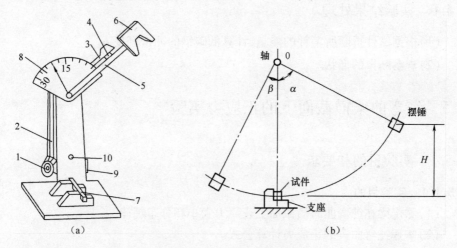

图 6 - 4 - 2 冲击试验机
(a)冲击试验机 (b)冲击试验机机构
1—电机 2—皮带轮 3—摆臂 4—杆销 5—摆杆 6—摆锤 7—试件 8—指示器 9—电源开关 10—指示灯

实验时,将质量为 Q 的摆锤向上摆起高度 H,如图 6 - 4 - 2(b)所示,于是摆锤便具有一定的位能,令摆锤突然下落,冲击安装在支座上的试件,将试件冲断。试件折断所消耗的能量等于摆锤原来的位能(在 α 角处)与其冲断试件后在扬起位置(在 β 角处)时的位能之差。

冲断试件所消耗的能量可从试验机刻度盘上直接读得,则材料的冲击韧度可由下式得到:

$$\alpha_k = \frac{W}{A}(\text{N} \cdot \text{m/cm}^2)$$

式中　W——冲断试件所消耗的能量

　　　A——试件断口处的横截面面积

6.4.5 实验步骤

(1)在安装试件之前先进行空打,记录试验机因摩擦阻力所消耗的能量,并校对零点。

（2）稍抬摆锤，将试件紧贴支座放置，并使试件缺口的背面朝向摆锤刀刃，试件缺口应位于两支座对称中心，其偏差不应大于0.5mm。

（3）按动"取摆"按钮，抬高摆锤。按动"冲击"按钮，摆锤下落，冲断试件，并任其向前继续摆动至高点后回摆时，再将摆锤制动，从刻度盘上读取摆锤冲断试件所消耗的能量。

（4）将摆锤下放到铅垂位置，切断电源，取下试件。

注意：当摆锤抬起后，严禁身体的任何部位进入摆锤的打击范围内。试件折断后，切勿马上拣动。

6.4.6　实验结果处理

（1）根据试件折断所消耗的能量，计算低碳钢的冲击韧度 α_k。

（2）观察断口的形状。

6.5　纯弯曲梁横截面上的正应力实验

6.5.1　实验目的和要求

6.5.1.1　实验目的

（1）测定梁在纯弯曲时横截面上正应力大小和分布规律。

（2）掌握纯弯曲梁的正应力计算公式。

6.5.1.2　实验要求

（1）阅读课程中有关弯曲应力的内容。

（2）阅读本次实验内容和熟识所介绍的纯弯曲梁实验装置。

（3）熟悉电桥电路及组桥方式。

6.5.2　实验设备

（1）纯弯曲梁实验装置，如图6－5－1所示。

（2）纯弯曲梁试件　如图6－5－2所示。

（3）CML－1L－16型应变与力综合测试仪，如图6－5－3所示。

6.5.3　实验步骤

6.5.3.1　实验原理及方法

在纯弯曲条件下，根据平面假设和纵向纤维间无挤压的假设，可得到梁横截面上任一点的正应力，计算公式为：

$$\sigma = My/I_z$$

式中　M 为弯矩，I_z 为横截面对中性轴的惯性矩，y 为所求应力点至中性轴的距

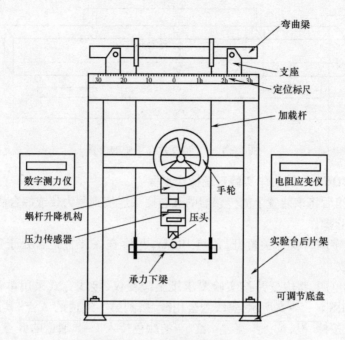

图 6 - 5 - 1 纯弯曲梁实验装置

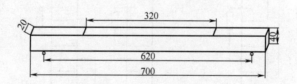

图 6 - 5 - 2 纯弯曲梁

图 6 - 5 - 3 CML - 1L - 16 型应变与力综合测试仪

离。为了测量梁在纯弯曲时横截面上正应力的分布规律,在梁的纯弯曲段沿梁侧面不同高度,平行于轴线贴有应变片(如图 6 - 5 - 4 所示)。

将实测应力值与理论应力值进行比较,以验证弯曲正应力公式。

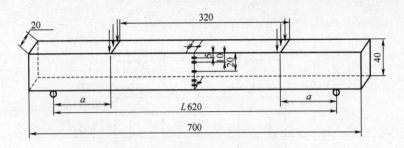

图 6 - 5 - 4   应变片在梁中的位置

6.5.3.2 BDCL 材料力学实验系统操作步骤

（1）开箱后将该装置上的传感器的五芯插头连接到测力仪或综合测试仪上。

（2）实验操作

①将数字测力仪开关置开，预热 10min，并检查该装置是否处于正常实验状态，设定参数。

②关闭电源，将应变片按实验要求接至应变仪，接线方式采用单臂接法（1/4 桥接法），如图 6 - 5 - 5 所示，黑线为公用线，接到第一通道的 A 点，其余各线按梁上位置依次按棕、橙、黄、绿、蓝、紫、红、灰的颜色接入 1 ~ 8 通道的 B 点。

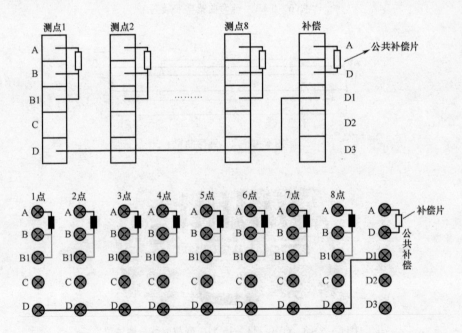

图 6 - 5 - 5   1/4 桥接线方法图

③设置参数：

按［测力标定］，力值显示屏显示 L，是指设定单位，有四个单位，分别为 t，kg，kN，N，选取分别对应的数字表示选择相应的单位。

再按[NEXT],设置传感器的灵敏度,根据传感器的说明书设置(具体数字已经贴在应变仪上)。

继续按[NEXT],力值显示屏显示 H,设置量程。按要求设定好相应的量程,在实验中统一设成4000N。

按[NEXT],力值显示屏显示 E,设定报警值。按要求设定好相应的报警值,在实验中统一设成4000N,以保护仪器。

最后一次按[NEXT],完成参数的设置。

力值清零:[shift]+[测力标定]。

应变清零:[shift]+[总清]。

④打开应变仪上的开关,先预载 -200N(负号表示方向)后,按[shift]+[测力标定]把力值显示清零,[shift]+[总清]应变值显示清零。

⑤分级加载,以每级 -500N,加至 -3000N,记录各级载荷下各应变片的应变读数(也可根据实验者需求,另定加载方案)。

⑥实验完毕,卸去载荷,拆线,然后将测力仪开关置关。

⑦根据实验要求进行数据处理。

(3)实验注意事项

①每次实验时,必须先打开测力仪,方可旋转手轮,以免损坏实验装置(如传感器、纯弯曲梁等)。

②每次实验完,必须卸载,即测力仪显示为零或出现"-"号,再将测力仪开关置关。

③该装置只允许加4000N载荷,超载会损坏实验装置,所以要设定好报警值为4000N。

6.5.4　实验记录参考表格

(1)测量矩形截面梁的宽度 b 和高度 h、载荷作用点到梁支点距离 a 及各应变片到中性层的距离 y_i。见表6-5-1。

表6-5-1　　　　　　　　　　试件相关数据

应变片至中性层距离/mm		梁的尺寸和有关参数
y_1	从图6-5-4中读取	宽度 $b=20mm$
y_2	从图6-5-4中读取	高度 $h=40mm$
y_3	从图6-5-4中读取	跨度 $L=620mm$
y_4	从图6-5-4中读取	载荷距离 $a=150mm$
y_5	从图6-5-4中读取	弹性模量 $E=210GPa$
y_6	从图6-5-4中读取	泊松比 $\mu=0.26$
y_7	从图6-5-4中读取	惯性矩 $I_z=bh^3/12=1.067\times10^{-7}m^4$

（2）加载方案。先选取适当的初载荷 P_0（一般取 $P_0 = 10\% P_{max}$ 左右），估算 P_{max}（该实验载荷范围 $P_{max} \leqslant 4000N$），分 4～6 级加载。

（3）按实验要求接好线，调整好仪器，检查整个测试系统是否处于正常工作状态。

①加载。均匀缓慢加载至初载荷 P_0，将力值与应变值清零；后分级等增量加载，每增加一级载荷，依次记录各点电阻应变片的应变值 ε_i，直到最终载荷。见表 $6-5-2$。

②做完实验后，卸掉载荷，关闭电源。

表 6-5-2　　　　　　　　　　　　　　　　实验数据

载荷/N		P	500	1000	1500	2000	2500	3000
		ΔP	500	500	500	500	500
载荷 P 各 测 点 电 阻 应 变 仪 读 数 μ_ε	1	ε_p						
		$\Delta \varepsilon_p$						
		$\Delta \overline{\varepsilon_1}$						
	2	ε_p						
		$\Delta \varepsilon_p$						
		$\Delta \overline{\varepsilon_2}$						
	3	ε_p						
		$\Delta \varepsilon_p$						
		$\Delta \overline{\varepsilon_3}$						
	4	ε_p						
		$\Delta \varepsilon_p$						
		$\Delta \overline{\varepsilon_4}$						
	5	ε_p						
		$\Delta \varepsilon_p$						
		$\Delta \overline{\varepsilon_5}$						
	6	ε_p						
		$\Delta \varepsilon_p$						
		$\Delta \overline{\varepsilon_6}$						
	7	ε_p						
		$\Delta \varepsilon_p$						
		$\Delta \overline{\varepsilon_7}$						
	8	ε_p						
		$\Delta \varepsilon_p$						
		$\Delta \overline{\varepsilon_8}$						

6.5.5　思考题

（1）实验值计算　根据测得的各点应变值 ε_i 求出应变增量平均值 $\Delta \bar{\varepsilon}_i$，代入胡克定律公式计算各点的实验应力值，因 $1\mu\varepsilon = 10^{-6}\varepsilon$，所以各点实验应力：

$$\sigma_{i实} = E\varepsilon_{i实} = E \times \Delta\bar{\varepsilon}_i \times 10^{-6}$$

（2）理论值计算

载荷增量　$\Delta p = 500\text{N}$

弯矩增量　$\Delta m = \Delta p \cdot a/2 = 37.5(\text{N} \cdot \text{m})$

各点理论应力值计算：

$$\sigma_{i理} = \frac{\Delta M \cdot y_i}{I_z}$$

（3）绘出实验应力值和理论应力值的分布图　分别以横坐标轴表示各测点的应力 $\sigma_{i实}$ 和 $\sigma_{i理}$，以纵坐标轴表示各测点距离梁中性层位置 y_i，选用合适的比例绘出应力分布图。

6.6　弯扭组合实验

6.6.1　实验目的

（1）用电测法测定主应力的大小和方向。

（2）在弯扭组合作用下，单独测出弯矩或扭矩。

6.6.2　实验装置

该装置用的试件采用高强度铝合金管制成的空心轴，外径 $D = 39.9\text{mm}$，内径 $d = 34.4\text{mm}$，$E = 70\text{GPa}$，$\mu = 0.33$，试验装置如图 $6-6-1$，根据设计要求初载 $P_{\min} \geqslant 50\text{N}$，终载 $P_{\max} \leqslant 450\text{N}$。电阻应变片在管上的布片如图 $6-6-2$。

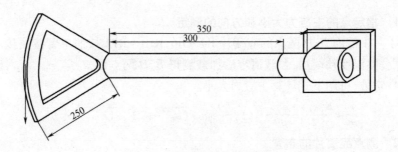

图 6 - 6 - 1　弯扭组合实验装置

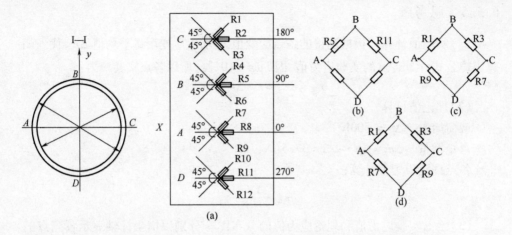

图 6 - 6 - 2　电阻应变片在管上的布片方案

实验前将扇形加力臂的钢丝绳与传感器上绳座相联接,通过拉钢丝绳产生扭力。应变仪采用 1/4 桥的接法(如图 6 - 6 - 3)。

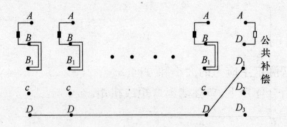

图 6 - 6 - 3　1/4 桥接线方法图

接线方法按棕、红、橙、黄、绿、蓝的顺序依次接到应变仪上。

6.6.3　实验内容及方法

6.6.3.1　指定点的主应力大小和方向的测定

将 Ⅰ - Ⅰ 截面 B、D 两点的应变片 R4 ~ R6,R10 ~ R12 按照单臂接法接入应变仪,采用公共温度补偿片,预载清零后加载测得 B、D 两点的 $\varepsilon_{-45°}$,$\varepsilon_{0°}$,$\varepsilon_{45°}$,已知材料的弹性常数,可用下式计算主应力大小。

$$\frac{\sigma_1}{\sigma_3} = \frac{E(\varepsilon_{45°} + \varepsilon_{-45°})}{2(1-\mu)} \pm \frac{\sqrt{2}E}{2(1+\mu)} \sqrt{(\varepsilon_{45°} - \varepsilon_{0°})^2 + (\varepsilon_{-45°} - \varepsilon_{0°})^2}$$

6.6.3.2　测点应变片的布置

测点应变片的布置如图 6 - 6 - 4 所示。

主应力方向:

$$\tan 2a_0 = (\varepsilon_{45°} - \varepsilon_{-45°})/(2\varepsilon_{0°} - \varepsilon_{-45°} - \varepsilon_{45°})$$

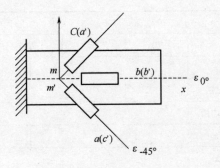

图 6 - 6 - 4　测点应变片布置图

式中　$\varepsilon_{-45°}$，$\varepsilon_{0°}$，$\varepsilon_{45°}$，分别表示与薄壁管轴线成 -45°，0°，45°方向上的应变。主应力大小和方向的测定，也可选择其他点测定，但要在所选测点处粘贴应变片。如测圆筒 m 点的应力状态见图 6 - 6 - 5。

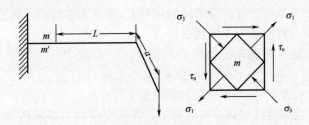

图 6 - 6 - 5　圆筒 m 点应力状态

6.6.4　实验步骤

（1）设计好本实验所需的各类数据表格。

（2）测量试件尺寸、加力臂的长度和测点距力臂的距离，确定试件有关参数。如表 6 - 6 - 1 所示。

表 6 - 6 - 1　　　　　　　　试件相关数据

圆筒的尺寸和有关参数						
计算长度　$L=$　mm			弹性模量　$E=70\mathrm{GPa}$			
外径　$D=39.9\mathrm{mm}$			泊松比 $\mu=0.33$			
内径　$d=34.4\mathrm{mm}$			电阻应变片灵敏系数　$K=2.06$			
扇臂长度　$a=$　mm						
载荷	P/N	70	140	210	280	350	420
	ΔP		70	70	70	70	70

续表

载荷			P/N	70	140	210	280	350	420
			ΔP	70	70	70	70	70
电阻应变仪读数	45°	ε							
		$\Delta\varepsilon$							
		平均值							
	0	ε							
		$\Delta\varepsilon$							
		平均值							
	-45°	ε							
		$\Delta\varepsilon$							
		平均值							

将薄壁圆筒上的应变片按要求接到仪器上,组成 1/4 电桥。调整好仪器,检查整个测试系统是否处于正常工作状态。

(3)加载方案。先选取适当的初载荷 P_0(一般取 $P_0 = 10\% P_{max}$ 左右),估算 P_{max}(该实验载荷范围 $P_{max} \leqslant 450N$),分 4~6 级加载。

(4)根据加载方案,调整好实验加载装置。

(5)加载。均匀缓慢加载至初载荷 P_0,将应变仪的力显示值与应变显示值清零(方法参考 6.5.3 步骤);然后分级等增量加载,每增加一级载荷,依次记录各点电阻应变片的应变值,直到最终载荷。数据填入表 6-6-2。

表 6-6-2　　　　　　　　　m 点和 m' 点三个方向线应变

载荷			P/N	70	140	210	280	350	420
			ΔP	70	70	70	70	70
电阻应变仪读数	45°	ε							
		$\Delta\varepsilon$							
		平均值							
	0	ε							
		$\Delta\varepsilon$							
		平均值							
	-45°	ε							
		$\Delta\varepsilon$							
		平均值							

(6)作完实验后,卸掉载荷,关闭电源,整理好所用仪器设备,清理实验现场,将所用仪器设备复原,实验资料交指导教师检查签字。

(7)实验装置中,圆筒的管壁很薄,为避免损坏装置,注意切勿超载,不能用力扳动圆筒的自由端和力臂。

6.6.5 实验结果处理

6.6.5.1 主应力及方向

m 或 m' 点实测值主应力及方向计算:

$$\frac{\sigma_1}{\sigma_3} = \frac{E(\bar{\varepsilon}_{45°} + \bar{\varepsilon}_{-45°})}{2(1-\mu)} \pm \frac{\sqrt{2}E}{2(1+\mu)} \sqrt{(\bar{\varepsilon}_{45°} - \bar{\varepsilon}_{0°})^2 + (\bar{\varepsilon}_{-45°} - \bar{\varepsilon}_{0°})^2}$$

$$\tan 2\alpha_0 = (\bar{\varepsilon}_{45°} - \bar{\varepsilon}_{-45°})/(2\bar{\varepsilon}_{0°} - \bar{\varepsilon}_{-45°} - \bar{\varepsilon}_{45°})$$

m 或 m' 理论值主应力及方向计算:

$$\frac{\sigma_1}{\sigma_3} = \sigma_x/2 \pm \sqrt{(\sigma_x/2)^2 + \tau_n^2}$$

$$\tan 2\alpha_0 = -2\tau_n/\sigma_x$$

6.6.5.2 实验值与理论值比较

计算相对误差,填入表 6 - 6 - 3 中。

表 6 - 6 - 3　　　　　　　　　　　　m 和 m' 点主应力及方向

比较内容		实验值	理论值	相对误差/%
m 点	σ_1/MPa			
	σ_3/MPa			
	$\sigma_0/(°)$			
m' 点	σ_1/MPa			
	σ_3/MPa			
	$\sigma_0/(°)$			

6.6.6 思考题

(1)主应力测量中,45°角应变片是否可沿任意方向粘贴?

(2)对测量结果进行分析讨论,误差的主要原因是什么?

6.7 材料弹性模量 E 和泊松比 μ 的测定实验

6.7.1 实验目的和实验要求

6.7.1.1 实验目的

(1)测定常用金属材料的弹性模量 E 和泊松比 μ。

（2）掌握胡克（Hooke）定律。

6.7.1.2　实验要求

（1）复习课程中有关材料拉伸的内容；阅读本次实验内容和实验设备介绍中介绍力与应变综合参数测试仪和组合实验台中拉伸装置的原理、操作方法、注意事项。

（2）熟悉电桥电路及组桥方式。

6.7.2　实验仪器设备和工具

（1）BDCL组合实验台中拉伸装置。

（2）力与应变综合参数测试仪。

（3）游标卡尺、钢板尺。

6.7.3　实验原理和方法

试件采用矩形截面试件，电阻应变片布片方式如图6-7-1。在试件中央截面上，沿前后两面的轴线方向分别对称地贴一对纵向应变片 R_1、R_1' 和一对横向应变片 R_2、R_2'，以测量纵向应变 ε 和横向应变 ε'。

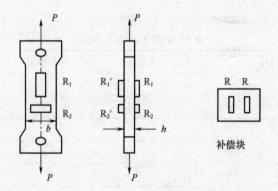

图6-7-1　电阻应变片分布

6.7.3.1　弹性模量 E 的测定

由于实验装置和安装初始状态的不稳定性，拉伸曲线的初始阶段往往是非线性的。为了尽可能减小测量误差，实验宜从一初载荷 $P_0(P_0 \neq 0)$ 开始，采用增量法，分级加载，分别测量在各相同载荷增量 ΔP 作用下，产生的应变增量 $\Delta \varepsilon$，并求出 $\Delta \varepsilon$ 的平均值。设试件初始横截面面积为 A_0，又因 $\varepsilon = \Delta l / l$，则有

$$E = \frac{\Delta P}{\Delta \bar{\varepsilon} A_0}$$

上式即为增量法测 E 的计算公式。

式中　A_0——试件截面面积

　　　$\Delta \bar{\varepsilon}$——轴向应变增量的平均值

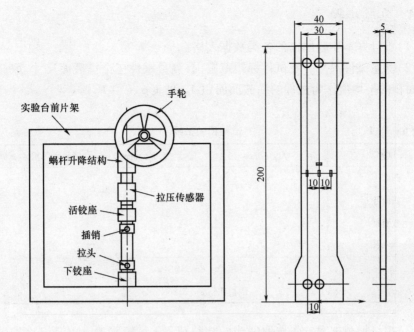

图 6 - 7 - 2　拉伸装置及布片图

用上述板试件测 E 时,合理地选择组桥方式可有效地提高测试灵敏度和实验效率。组桥采用全桥臂测量（图 6 - 7 - 3）。

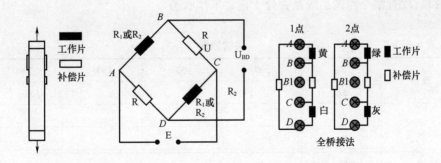

图 6 - 7 - 3　组桥方式

6.7.3.2　泊松比 μ 的测定

将两轴向应变片分别接在电桥的相对两臂（AB、CD），两温度补偿片接在相对桥臂（BC、DA），偏心弯曲的影响可自动消除。根据桥路原理:

$$\varepsilon_d = 2\varepsilon_p$$

测量灵敏度提高 2 倍。便可求得泊松比:

$$\mu = \left| \frac{\Delta\overline{\varepsilon'}}{\Delta\overline{\varepsilon}} \right|$$

6.7.4 实验步骤

(1)设计好本实验所需的各类数据表格。

(2)测量试件尺寸。在试件标距范围内,测量试件三个横截面尺寸,取三处横截面面积的平均值作为试件的横截面面积 A_0,见表 6 – 7 – 1。

表 6 – 7 – 1   **试件相关数据**

试件	厚度 h/mm	宽度 b/mm	横截面面积 $A_0 = bh$/mm^2
截面 I			
截面 II			
截面 III			
平均			

弹性模量 $E = 210\text{GPa}$

泊松比 $\mu = 0.26$

(3)拟订加载方案。先选取适当的初载荷 P_0(一般取 $P_0 = 10\% P_{\max}$ 左右),估算 $P_{\max}$(该实验载荷范围 $P_{\max} \leqslant 2500\text{N}$),分 4 ~ 6 级加载。

(4)根据加载方案,调整好实验加载装置。

(5)按实验要求接好线(为提高测试精度建议采用相对桥臂测量方法),调整好仪器,检查整个测试系统是否处于正常工作状态。

表 6 – 7 – 2   **实验数据**

载荷	P/N	500	1000	1500	2000
	ΔP		500	500	500
纵向应变读数	ε_{d}				
	ε_{p}				
	$\Delta \varepsilon_{\mathrm{p}}$				
	$\Delta \bar{\varepsilon}$				
横向应变读数	$\varepsilon'_{\mathrm{d}}$				
	$\varepsilon'_{\mathrm{p}}$				
	$\Delta \varepsilon'_{\mathrm{d}}$				
	$\Delta \varepsilon'_{\mathrm{p}}$				

(6)加载。均匀缓慢加载至初载荷 P_0,将力值与应变值清零(方法参考 6 – 5 – 3 步骤);然后分级等增量加载,每增加一级载荷,依次记录各点电阻应变片的应变值

ε_d 和 ε'_d,直到最终载荷,见表 6 – 7 – 2。

（7）作完实验后,卸掉载荷,关闭电源,整理好所用仪器设备,清理实验现场,将所用仪器设备复原。

6.7.5　实验结果处理

（1）弹性模量计算

$$E = \frac{\Delta P}{\Delta \bar{\varepsilon} A_0}$$

（2）泊松比计算

$$\mu = \left| \frac{\Delta \bar{\varepsilon}'}{\Delta \bar{\varepsilon}} \right|$$

6.7.6　思考题

（1）分析纵、横向应变片粘贴不准对测试结果的影响。

（2）根据实验测得的 $E_{实}$、$\mu_{实}$ 值与已知 $E_{理}$、$\mu_{理}$ 值作对比,分析误差原因。

（3）采用什么措施可消除偏心弯曲的影响?

6.8　齿轮范成原理实验

6.8.1　预习要求

（1）实验前请认真阅读机械原理课本上的相关内容,理解渐开线齿轮的基本参数和各部分的几何尺寸;了解渐开线齿轮切制原理与根切现象以及变位齿轮。

（2）阅读实验指导书,完成齿轮范成原理实验报告的附表——范成齿轮参数表。具体计算公式可参考机械原理课本。

（3）根据计算出来的范成齿轮参数,按 1:1 的比例剪裁出如图 6 – 8 – 1 所示的纸制齿轮坯。同时需要标注不同齿轮的齿根圆直径 d_f,基圆直径 d_b,分度圆直径 d 和齿顶圆直径 d_a。

（4）齿轮参数的计算中均选取标准值:压力角 $\alpha = 20°$;齿顶高系数 $h_a^* = 1$;顶隙系数 $c^* = 0.25$。范成齿轮参数表中,正变位系数的计算 $X_{\min} = \frac{17 - z}{17}$。纸制齿轮坯的中心孔直径为 $\phi 6mm$。实验前请准备好计算器,红色、蓝色笔和两支削尖的铅笔及机械原理课本。

6.8.2　实验目的

在工程中,齿轮齿廓的制造方法很多,其中以用范成法制造最为普遍,因此,有必要对这种方法的基本原理和形成过程加以研究。

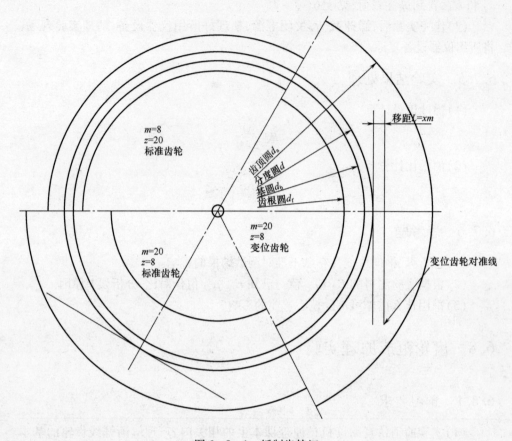

图 6 - 8 - 1　纸制齿轮坯

（1）掌握用范成法加工渐开线齿轮的基本原理。

（2）了解渐开线齿轮产生根切现象的原因和避免根切的方法。

（3）分析比较标准齿轮和变位齿轮的异同点。

6.8.3　实验设备和工具

（1）齿轮范成仪一台。

（2）A4 白纸一张。

（3）圆规、铅笔、量角器、直尺（学生自备）。

6.8.4　实验原理

范成法加工齿轮是利用一对齿轮互相啮合时,齿廓曲线互为包络线的原理。齿轮轮坯的瞬心线（加工节圆）和齿条刀的瞬心线（加工节线）对滚,刀具齿斑即可包络出被加工齿轮的齿廓。

范成法加工齿轮时,需将刀刃形成包络线的各个位置记录下来,才能看清轮齿的范成过程,做本实验时,用图纸做轮坯,用齿轮范成仪来实现刀具与轮坯的对滚,再用铅笔将刀刃的各个位置画在轮坯上,就清楚地显示出轮齿的范成过程。齿轮范成仪的构造如图 6-8-2 所示。

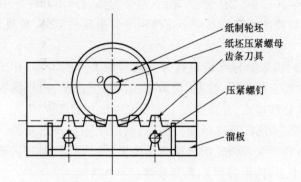

图 6-8-2 齿轮范成仪的工作原理

圆盘绕固定在机架上的轴心 O 转动,齿条刀具利用压紧螺钉和溜板固联,圆盘的背面固联一齿轮与溜板上的齿条相啮合。当溜板在机架导轨上水平移动时,圆盘相对溜板转动,完成范成运动。松开压紧螺钉后,刀刃相对于被加工齿轮可径向移动,可以调控齿条刀具中线和齿轮分度圆之间的径向距离,则切制出标准齿轮或变位齿轮。纸坯压紧螺母用来把作为轮坯的图纸固定在圆盘上。

6.8.5 实验方法和步骤

(1)根据所用范成仪的齿条刀具基本参数和被加工齿轮的齿数 z,变位系数 x,由齿条刀具加工齿轮不发生根切的条件求出最小变位系数 x_{min}。分别计算出分度圆直径,基圆直径以及标准齿轮,变位齿轮的根圆和顶圆直径,并将计算结果填在实验报告表中。

(2)如图 6-8-1 所示,在图纸上做出基圆、分度圆,并把它们分为三等分(即每部分的圆心角均为 120°)。为了对心方便,需分别画出这三等分圆心角的角平分线,再作这些角平分线的垂线(垂足为角平分线与分度圆的交点)。然后,分别在这三等份上画出两个标准齿轮($m_1=8,z_1=20;m_2=20,z_2=8$),一个正移距变位齿轮($m=20,z=8$)的齿顶圆和齿根圆。

(上述步骤必须在实验之前做好,并按外径 $\phi210\text{mm}$,孔径 $\phi6\text{mm}$ 将图纸剪成一穿孔圆纸片)。

(3)把代表轮坯的穿孔图纸片对准中心固定在圆盘上,使相应于标准齿轮部分的角平分线垂直于齿条刀具的中线,并调节齿条刀具的中线与轮坯分度圆相切(与分度圆切线重合)。

(4)先"切制"$m_1=8,z_1=20$ 的标准齿轮,后"切制"$m_2=20,z_2=8$ 的标准齿

轮。开始"切制"齿廓时,将齿条刀具溜板推到最右(或最左),然后把溜板向左(或向右)移动,每移动一个微小的距离(约 2~3mm)时,在图纸上用削尖的铅笔描下刀具刃的轮廓,直到形成 2~3 个完整的齿廓为止。

(5)切完 $m=20, z=8$ 的标准齿轮后,调整齿条刀具离开轮坯中心,作正移距 L (移距 $L=xm$),再将图纸转到对应于正移距变位齿轮的部分,重复步骤(3)和步骤(4)。

(6)比较不同齿数的标准齿轮在分度圆与根圆上的齿厚,并比较标准齿轮和变位齿轮在分度圆上的齿厚、齿距、周节以及齿顶圆齿厚、齿根圆、齿顶圆、分度圆和基圆的相应变化和特点,并在齿轮上标出发生根切的部位。

(7)注意若需"切制"负移距变位齿轮,则图纸除应作出基圆、分度圆外,还需要画出对应于负移距变位齿轮的齿顶圆和齿根圆,"切制"时将齿条刀具调离标准位置,移近轮坯中心,作负移距 L,重复步骤(3)和(4)。

6.8.6 实验要求

(1)实验前预先计算齿轮的有关参数。

(2)实验前根据已计算出来的参数,用 A4 图纸以 1:1 的比例画出用作齿轮范成实验的纸制齿轮坯。

6.8.7 思考题

(1)齿轮根切现象是如何产生的? 如何避免根切? 在图形上如何判断齿轮是否根切?

(2)齿条刀具的齿顶高和齿根高为什么都等于 $(h_a^* + c^*)m$?

(3)用齿条刀具加工标准齿轮时,刀具和轮坯之间的相对位置和相对运动有何要求?

(4)为什么说齿轮的分度圆是加工时的节圆?

6.9 轴的综合测量实验

6.9.1 预习要求

(1)了解实验目的、仪器、测量内容及仪器的操作。

(2)掌握绝对测量与相对测量、测量范围与示值范围、取样长度与评定长度、R_a、R_z、R_y 的定义。

6.9.2 实验目的

(1)熟悉轴类零件公差的设计。

（2）掌握各类形位公差的测量及测量工具的使用。

6.9.3 实验仪器及测量内容

6.9.3.1 实验仪器

（1）游标卡尺：刻度值0.02mm，测量范围0~200mm。

（2）杠杆齿轮比较仪：刻度值0.001mm，示值范围±0.1mm，测量范围0~180mm。

（3）量块：各种尺寸。

（4）电感测微仪：规格见表6-9-1。

表6-9-1　　　　　　　　　　　电感测微仪

挡位	测量范围/μm	刻度值/μm	示值误差/μm
第一挡	±3	0.1	±0.06
第二挡	±10	0.5	±0.25
第三挡	±30	1	±0.5
第四挡	±100	5	±2.5
第五挡	±300	10	±5

（5）袖珍表面粗糙度仪：可测表面粗糙度 Ra、Rz 等参数，测量范围：$Ra0.05 \sim 10\mu m$，$Rz0.1 \sim 50\mu m$。

（6）小型工具显微镜：长度测量刻度值0.01mm，纵向移动范围0~75mm，横向移动范围0~25mm，角度测量刻度值1′，转动范围0~360°。

6.9.3.2 测量内容

测量轴的长度、直径、倒角、槽宽、表面粗糙度等。

6.9.4 仪器及测量原理说明

6.9.4.1 杠杆齿轮比较仪

用杠杆齿轮比较仪测量圆柱直径，一般用相对法进行，即先根据被测件的基本尺寸 L，组合量块组作为标准量，用它调整仪器的零位，再在仪器上测量出被测件与基本尺寸 L 的偏差值 ΔL，即可求出被测量 D：$D = L + \Delta L$。

杠杆齿轮比较仪是一种精度较高而机构简单的常用机械测量仪器，它利用标准量块与被测零件相比较的方法来测量零件外形的微差尺寸，是工厂计量室，车间鉴定站或制造量具、工具与精密零件的车间常用的精密仪器之一，它可以鉴定量块以及高精度的柱形量规，对于圆柱形、球形等工件的直径或样板工件的厚度以及外螺纹的中径均能做比较测量。

杠杆齿轮比较仪的外形如图6-9-1(a)，它是将测量杆的直线位移通过杠杆齿轮传动系统转变为指针在表盘上的角位移。测量原理即放大系统如图 6-9-1 (b)所示。当测量杆移动时,使杠杆绕轴转动,并通过杠杆短臂 R_4 和长臂 R_3 将位移放大,同时,长臂上的扇形齿轮带动与其啮合的小齿轮转动,这时小齿轮分度圆半径 R_2 与指针长度 R_1 又起放大作用,使指针在标尺上指示出相应的测量杆的位移值。K 为齿轮杠杆比较仪的灵敏度,其计算公式为:

$$K = \frac{R_1}{R_2} \times \frac{R_3}{R_4} = \frac{50 \times 100}{1 \times 5} = 1000(倍)$$

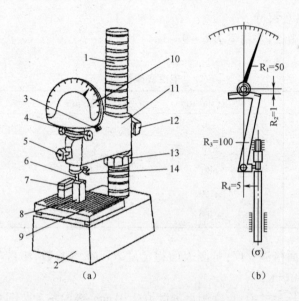

图 6-9-1 杠杆齿轮比较仪
(a)外形图 (b)放大系统

1—立柱 2—底座 3—微调螺钉 4—细调凸轮螺钉 5—指示表锁紧螺钉 6 测头 7—块规 8—工件
9—工作台 10—指示表 11—横臂 12—横臂锁紧螺钉 13—横臂升降螺母 14—测头提升杠杆

仪器的刻度值为 1 μm,标尺的示值范围为 ±100 μm,仪器的测量范围为 0～180mm。

6.9.4.2 电感测微仪

(1)测量原理 电感测微仪的测量原理是使用测量位移的传感器测得微小信号,通过电路放大的方式得到结果。仪器外形如图 6-9-2。

(2)操作方法

①熟悉比较仪的结构原理。

②根据被测圆柱的基本尺寸及公差等级,画出被测件的公差带图。

③根据被测工件形状选择测量头,使量头与工件成点接触或线接触。量头形式有球形、刀形、平面形,而球形量头使用最多。

④调整仪器。首先擦净仪器工作台 9,将量块置于仪器工作台上的测头 6 下。接着粗调横臂 11 的高度,使量头与工件接触,锁紧螺钉 12,然后旋转细调凸轮螺钉

图 6 – 9 – 2　电感测微仪

1—机械调零旋钮　2—指示表　3—电源指示灯　4—A 传感器调零旋钮　5—B 传感器调零旋钮
6—A 传感器放大倍数调整　7—B 传感器放大倍数调整　8—量程旋转开关　9—测量选择开关

4,使指示表 10 的指针与零位接近重合。再调节微调螺钉 3,使指针与零位完全重合。

⑤擦净被测圆柱的表面并置于仪器工作台上,分别测量三个不同部位的直径(离圆柱端面 1mm 以上的三个截面,每个截面测量相互垂直的两个位置);读数时要注意标尺的正负号,并估读一位。测量完毕后,复校零位,若差值超过半格必须重测。

⑥根据测量数据判断圆柱是否合格。

⑦擦净量块、量仪和圆柱,整理现场。

6.9.4.3　袖珍表面粗糙度仪

(1)测量原理　袖珍表面粗糙度仪是专用于测量被加工零件表面粗糙度的新型智能化仪器。其外形图如图 6 – 9 – 3。该仪器集当今微处理器技术和传感技术于一体,以先进的微处理器和优选的高度集成化的电路设计,构成适应当今仪器发展趋势的超小型的体系结构,完成粗糙度参数的采集、处理和显示工作。适用于加工业、制造业、检测、商检等部门,尤其适用于大型工件及生产流水线的现场检验,以及检测、计量、商检等部门的外出检定。

袖珍表面粗糙度仪采用优化的电路设计及传感器结构设计,将电箱、驱动器及显示部分合为一体,使其达到高度集成化;可任意选择 Ra、Rz 测量参数;不仅可测外圆、平面、锥面,还可测长宽大于 80mm×30mm 的沟槽。

图 6 – 9 – 3　袖珍表面粗糙度仪

此仪器采用触针法原理,传感器位于仪器底部。测量时,将仪器底部与被测件接触。按下测量键时,传感器在驱动器的驱动下沿被测表面作匀速直线运动,其垂直于工作表面的触针,随工作表面的微观起伏作上下运动,触针的运动被转换为电信号,将该信号进行放大、滤波,经 A/D 转换为数字信号,再经 CPU 处理,计算出 R_a、R_z 值并显示。

（2）操作方法

①熟悉仪器的结构及操作方法。

②按电源开关启动仪器,选择测量 R_a。然后根据工件给定的 R_a 值选择取样长度。

③将仪器放于被测工件表面,使得探针的运动方向与工件的加工方向一致,按下测量键,并记录数据。选择不同的位置测量三次,进行评价。

④与工件给定的 R_a 比较,评定结果。

6.9.4.4　小型工具显微镜

工具显微镜是一种以影像法作为测量基础的精密光学仪器。工具显微镜可用于一般长度和角度的测量,对外形较复杂的零件,如螺纹量规、各种成形刀具及轮廓样板等尤为适用。工具显微镜分小型、大型、万能和重型四种,它们的测量精度和测量范围虽然不同,但基本原理是一致的。目前还有在仪器上附有微处理机和数显等装置的,其读数精度和测量效果都大为提高。

工具显微镜的工作原理是利用光的透射或反射,照亮被测工件的外形轮廓,并经显微镜的物镜放大后聚集成像于目镜米字线分划板上,借助百分尺和角度目镜读数测得工件的尺寸。因此,它属于非接触式测量。在工具显微镜上,转动手轮可使立柱绕支座左右摆动。转动千分尺,可使工作台纵、横向移动。转动手轮可使工作台绕光轴线旋转。测量时,被测件放于工作台上,经光学系统放大后,将被测量件轮廓成像在目镜分划板上,通过目镜进行观察和测量。

仪器的光路原理图如图6-9-4所示,由光源发出的光经滤色片2、可变光栏3、反射镜4、聚光镜5形成平行光束投射在工作台6上,当在工作台上放置被测工件时,一部分光被被测工件遮掉,因此被测工件的外形轮廓通过物镜7、正像棱镜8在分划板9上形成正像影像,并由目镜10观察瞄准,利用工作台上的纵、横向测微器的移动来测得长度尺寸,由测角目镜11测出角度值。

纵、横向测微器的螺距为1mm,套筒上的刻度等分为100格,故其刻度值为0.01mm,固定套管上的刻度为25mm,加块规后测量长度:大型工具显微镜纵向150mm,横向50mm;小型工具显微镜纵向75mm,横向25mm。

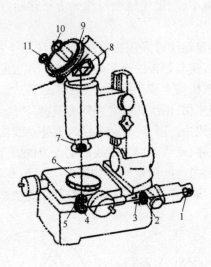

图6-9-4 工具显微镜光路原理和外形图

1—光源 2—滤色片 3—光栏 4—反射镜 5—聚光镜 6—工作台 7—物镜 8—正像棱镜
9—分划板 10—目镜 11—测角目镜

工具显微镜的目镜按不同的用途有测角目镜、双目目镜、轮廓目镜等。一般测量长度或角度都采用测角目镜(又称细线网目镜)来瞄准或测量读数。如图6-9-5(a)所示,测角目镜中分划板的刻线有:①相互垂直的两根虚线,又称十字虚线;②与十字虚线之一平行的四根虚线(两对对称虚线);③两根交叉成60°的细实线,与上述四根虚线的平行的十字虚线交叉成30°;④沿分划板圆周边缘部分有0~360°的刻度线,刻度值为1°,在其上部有一片固定的细分度分划板,将圆周上1°的弧长细分为60等分,如图6-9-5(b)所示,故其刻度值为1′,图中角度读数为30°15′。

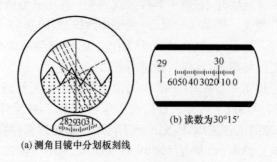

(a) 测角目镜中分划板刻线

(b) 读数为30°15′

图 6 - 9 - 5　目镜读数

测角目镜中分划板的中心与光轴(即光路中光束的轴线)重合。分划板可沿此中心回转,当角度读数为0°0′时,分划板上的五条平行虚线垂直于纵向滑板的移动方向,故在螺纹的测量中,当螺纹轴线与纵向滑板移动方向一致时,可直接用虚线对准读出牙型半角。

在工具显微镜上测量螺纹可采用影像法、轴切法及干涉法等。本实验采用影像法,即利用主显微镜目镜分划板的十字虚线配合工作台的纵、横向移动使之与被测螺纹牙型相切,在读数机构上读出数值,然后借助于工作台移动被测部位,使十字虚线与对应螺纹牙型相切,两次读数之差即为被测尺寸。测量时,对线方法一般有重叠对线法和间隙对线法。图 6 - 9 - 6(a)为重叠对线法,即使分划板上的虚线与轮廓影响边缘正好重叠,对线时以米字线的交点为依据,而以虚线的延长线作为参考,此法适用于长度测量。间隙对线法如图 6 - 9 - 6(b)所示,是使虚线与轮廓影像保持狭窄的光缝的均匀性来确定对准的精确度,此法适用于角度测量。

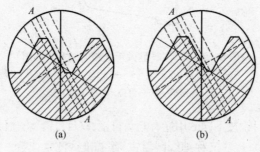

(a)　　　　　　　　　(b)

图 6 - 9 - 6　对线法
(a)重叠对线法　(b)间隙对线法

6.9.5　实验要求

完成轴的长度、直径、倒角、槽宽、表面粗糙度的测量,按测量结果画出轴的视图,完成实验报告。

6.10 用内径百分表测量齿轮内孔实验

6.10.1 实验目的

(1)掌握内径百分表的测量原理。

(2)掌握用内径百分表测量和评定孔径的方法。

(3)熟悉量块及其附件的使用方法。

6.10.2 实验设备及测量内容

实验用内径百分表的主要技术规格:刻度值 0.01 mm,示值范围 0~3 mm,测量范围 50~160 mm,用内径百分表、量块及其附件,测量齿轮内孔的直径。

6.10.3 仪器及测量原理说明

用内径百分表测量内径,是用相对法进行测量的,先根据孔的基本尺寸组合成量块组,并将量块组装在量块附件中组成内尺寸 L(或用精密标准环规),用该标准尺寸 L 来调整内径百分表的零位,然后用内径百分表测出被测孔径相对零位的偏差值 ΔL,则被测孔径 D 为 $D = L + \Delta L$。

内径百分表由装有杠杆系统的测量装置组成,如图 6-10-1 所示,在测量装置下端的三通管 3 一端装有活动测量头 1,另一端装有可换固定测量头 2,管子 4 的管口上端装有百分表 5,当活动测量头 1 沿水平方向移动时,推动直角杠杆 7 产生回转运动,通过它又推动活动杠杆 6,带动百分表 5 的测量杆上下移动,使百分表指针产生回转,指示出读数值。

由于直角杠杆 7 的两触点与回转轴心线是等距离的,因此活动测头的移动距离与活动杠杆的移动距离完全相同,当活动测头上的尺寸变化时,就直接反映到上端的百分表上。

测量架下端的定心护桥 8 和弹簧 9 是用来测量内径时,帮助找准工件的直径位置,以保持两个测量头正好在内径直径的两端位置上。

内径百分表附有一套各种长度的固定测量头 2,可根据被测尺寸的大小选用长度适当的固定测量头。

6.10.4 实验步骤

(1)熟悉仪器的结构原理及操作使用方法。

(2)根据被测孔的基本尺寸及公差等级,查表得上下偏差,并绘制出孔的公差带图。

(3)根据被测孔的基本尺寸,选用量块组装入量块附件,组成标准的内尺寸。

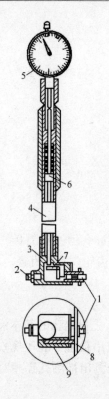

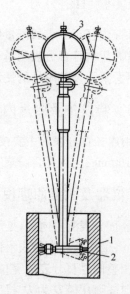

图 6 - 10 - 1 内径百分表结构
1—活动测量头 2—可换固定测量头 3—三通管
4—管子 5—百分表 6—活动杠杆 7—直角杠杆
8—定心护桥 9—弹簧

图 6 - 10 - 2 寻找回转点示意图
1—标准件或工件 2—测量杆 3—百分表

（实验时用外径千分尺代替）

（4）根据被测孔的尺寸,选择合适的固定量头,拧入三通管一端的螺孔中,紧固螺母（注意其伸出的距离要使被测尺寸位于活动测量头总移动量的中间位置处）,并使百分表小指针压一圈左右。

（5）用组成的标准内尺调整百分表零位。将内径百分表的两测量头放在组成标准尺寸的两测量面之间,稍做摆动,如图 6 - 10 - 2 所示,找到百分表上大指针的最小读数。

（6）测量孔径。校对好零刻线后将内径百分表的两测头插入被测孔中,稍做摆动,找到大指针顺时针方向转到的回转点处,记下该点相对零位的偏差值,并注意偏差的正负号。在被测孔的三个横截面上,每个截面互相垂直的两个位置上进行测量。

（7）复校百分表的零位,若已不在零位,检查原因,重新调整测量。

（8）计算孔的实际尺寸,做出适用性结论。

（9）整理现场,擦净使用过的仪器和工件。

（10）完成实验报告。

6.11 直线度误差的测量实验

6.11.1 实验目的

(1)掌握导轨的直线度误差的测量方法和测量数据处理。
(2)掌握合像水平仪的正确操作方法。

6.11.2 实验设备及测量内容

(1)实验用合像水平仪的主要技术规格:刻度值0.01mm/m。
(2)应用合像水平仪测量导轨全长上垂直方向的直线度误差。

6.11.3 仪器及测量原理说明

由于合像水平仪的测量准确度高、测量范围大、测量效率高、价格便宜、携带方便等优点,因此在检测工作中得到了广泛的应用。使用时,将合像水平仪放在桥板上,再把桥板放在被测工件上,逐点依次测量。合像水平仪外形如图6-11-1。

图6-11-1 合像水平仪外形

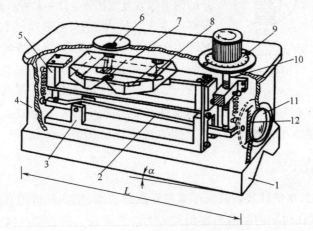

图6-11-2 合像水平仪结构图
1—底板 2—杠杆 3—支承 4—壳体 5—支承架 6—放大镜 7—棱镜
8—水准器 9—微分筒 10—测微螺杆 11—放大镜 12—刻线尺

合像水平仪是一种精密测角仪器,用自然水平面为测量基准。合像水平仪的结构见图6-11-2,它的水准器8是一个密封的玻璃管,管内注入精馏乙醚,并留有一定量的空气,以形成气泡。管的内壁在长度方向具有一定的曲率半径。气泡在管中停住时,气泡的位置必然垂直于重力方向。也就是说,当水平仪倾斜时,气泡本身并不倾斜,而始终保持水平位置。利用这个原理,将水平仪放在桥板上使用,便能测出实际被测直线上相距一个桥板跨距的两点间高度差,如图6-11-3所示。

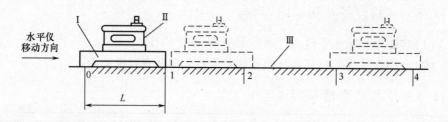

图6-11-3　用水平仪测量直线度误差示意图

Ⅰ—桥板　Ⅱ—水平仪　Ⅲ—实际被测直线　L—桥板跨距　$0,1,2,\cdots,n$—测点序号

在水准器玻璃管管长的中部,从气泡的边缘开始向两端对称地按弧度值(mm/m)刻有若干条等距刻线。水平仪的分度值 i 用[角]秒(″)和 mm/m 表示。合像水平仪的分度值为2″,该角度相当于在 1m 长度上,对边高 0.01mm 的角度,这时分度值也用 0.01mm/m 或 0.01/1000 表示。

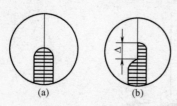

图6-11-4　气泡的两半像

(a)相合　(b)错开

为了确定气泡偏移量 Δ 的数值,转动测微螺杆10使水准器8倾斜一个角度 α,以使气泡返回到棱镜7两边的对称位置上。从放大镜中观察到气泡错开的两半像恢复成图6-11-4所示相合的两半像。偏移量 Δ 先从放大镜11由刻线尺12读数,它反映测微螺杆10转动的整圈数;再从测微螺杆手轮9(微分筒)的分度盘读数(该盘每格为刻线尺一格的百分之一);它是螺杆10转动不足一圈的细分读数。读数取值的正负由微分筒9指明。测微螺杆10转动的格数 α、桥板跨距L(mm)与桥板两端相对于自然水平面的高度差 h 之间的关系为:$h = 0.01\alpha L(\mu m)$

6.11.4　实验步骤

(1)测量时,水平仪放置在实际被测直线的两端,把实际被测直线调整到大致水平,使水平仪在两端的示值不要相差太大。然后在实际被测直线旁标出均匀布置的各测点的位置。

(2)根据两相邻测点间的距离选择跨距适当的桥板。将水平仪安放在桥板

上,然后沿着实际被测直线把桥板放在该实际被测直线的一端,调整水平仪,记下水平仪第一个示值 Δ_1(格数)。按各测点画的位置依次逐段地移动桥板,同时记录各测点的示值 Δ_i(格数)。注意每次移动时,应使桥板的支承在前后位置上首尾相接,而且水平仪不得相对于桥板产生位移。由始测点顺序测到终测点后,再由终测点返测到始测点。返测时,桥板切勿调头。

(3)将在各个测量间隔记录的两次示值的平均值分别作为各个测量间隔的测量数据,求解直线度误差值。若某个测量间隔两次示值的差异较大,则表明测量不正常,要查明原因并重测。

(4)将测量结果进行数据处理,并分析评定。

(5)整理现场,完成实验报告。

6.11.5　数据处理

测量结果的数据处理,首先应将仪器上读数的各值按桥板的长度换算成长度值,然后进行数据处理。直线度误差评定的方法很多,但总的可分为两大类,即作图法和计算法,作图法比较直观,计算法如应用电算方法可以既快又准确。直线度误差的评定有两端点连线法和按最小条件法进行计算。

(1)按最小条件评定　直线度误差值应该采用最小包容区域来评定。参看图6-11-5,由两平行直线包容实际被测直线时,实际被测直线的测点中应至少有三个测点分别与这两条直线接触(成高—低—高三极点或低—高—低三极点相间接触),则位于实际被测直线体外的那条包容直线的位置符合最小条件,它就是评定基准。这两条平行直线之间的区域称为最小包容区域(简称最小区域)。最小包容区域宽度即为符合最小条件的直线度误差值 f_{MZ}。

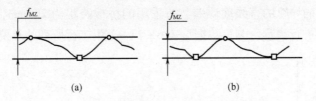

○ 高极点　□ 低极点

图6-11-5　直线度误差最小包容区域判别准则

(a)高—低—高三极点　(b)低—高—低三极点

(2)按两端点连线评定　参看图6-11-6,以实际被测直线两端点 B 和 E 的连线 l_{BE} 作为评定基准,取各测点相对于该连线的偏离值 h_i 中的最大(高点)偏离值 h_{max} 与最小(低点)偏离值 h_{min} 之差 f_{BE} 作为直线度误差值。测点在连线 l_{BE} 上方的偏离值取正值,测点在连线 l_{BE} 下方的偏离值取负值。即按最小条件评定的误差值小于或等于按两端点连线评定的误差值,因此前者可以获得最佳的技术经济效益。

$$f_{BE} = h_{max} - h_{min}$$

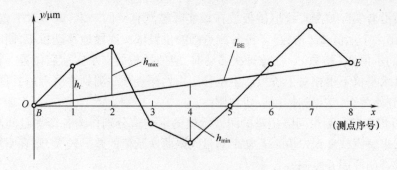

图6-11-6 以两端点连线作为评定基准

下面以作图法按两端点连线及最小条件原则分别求直线度误差 f。

(1)按两端点连线法图解直线度误差 参看图6-11-6,在坐标纸上用横坐标轴 x 表示测量间隔(各测点的序号),用纵坐标轴 y 表示测量方向上的数值。将它们分别按缩小和放大的比例把各测点标在坐标纸上,然后把各测点连成一条误差折线,该折线可以表示实际被测直线。在误差折线上,连接其两个端点 B、E,得到两端点连线 l_{BE}。从误差折线上找出各测点中相对于两端点连线的最高点和最低点。从坐标纸上分别量取这两个测点至两端点连线的 y 坐标距离,它们的代数差即为直线度误差值 f_{BE}。

(2)按最小条件图解直线度误差值 参看图6-11-7,从误差折线上确定低-高-低(或高-低-高)相间的三个极点。过两个低极点(或两个高极点)作一条直线,再过高极点(或低极点)作一条平行于上述直线的直线,包容这条误差折线,从坐标纸上量取这两条平行线间的坐标距离,它的数值即为直线度误差值 f_{MZ}。

(3)图解法处理数据示例 用分度值为 0.01mm/m 的合像水平仪测量工作长度为 1400mm 的导轨的直线度误差。所采用的桥板跨距为 200mm,将导轨分成 7 段(8 个测点)进行测量。测量数据见表6-11-1第二行所列的示值。

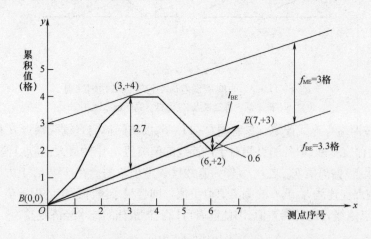

图6-11-7 图解直线度误差值

表 6 – 11 – 1　　　　　　　　　　　　直线度误差测量数据

测点序号 i	0	1	2	3	4	5	6	7
示值 Δi(格数)	0	+1	+2	+1	0	-1	-1	+1
示值累积值 $y = \sum\limits_{i=1}^{i} \Delta i$	0	+1	+3	+4	+4	+3	+2	+3

参看图 6 – 11 – 7,按表 6 – 11 – 1 所列各测点的示值累积值,在坐标纸上画出误差折线。作通过误差折线首、尾两点的直线 l_{BE}。从该坐标纸上量得误差折线相对于直线 l_{BE} 的最大偏离值 $h_{max} = +2.7$ 格,最小偏离值 $h_{min} = -0.6$ 格。因此,按两端点连线评定的直线度误差值为:

$$f_{BE} = 0.01 \times (2.7 + 0.6) \times 200 = 6.6(\mu m)$$

从误差折线上找出两个低极点(0,0)和(6,+2)及一个高极点(3,+4)。作通过两个低极点的直线,再作过高极点且平行于两低极点连线的直线,得到最小包容区域。从该坐标纸上量得该区域的 y 坐标宽度为 3 格。因此,按最小条件评定的直线度误差值为:

$$f_{MZ} = 0.01 \times 3 \times 200 = 6(\mu m)$$

6.12　单个齿距偏差及齿距累积总偏差测量实验

6.12.1　实验目的

(1)熟悉齿轮周节测量仪及其使用方法。

(2)熟悉用相对法测量齿距偏差的方法,掌握齿距累积总偏差的数据处理过程,加深对齿距偏差、齿距累积总偏差的理解。

6.12.2　实验设备及测量内容

(1)齿轮周节测量仪:被测齿轮模数范围 2 ~ 16mm,仪器指示表的刻度 0.001mm,测量齿轮精度 7 级或低于 7 级。

(2)测量分度圆上两相邻同侧齿面间的弧长。

6.12.3　仪器及测量原理说明

圆柱齿轮齿距偏差也叫周节偏差,用符号 f_{pt} 表示,它是指在分度圆上,实际齿距与公称齿距之差(用相对法测量时,公称齿距是指所有测得的实际齿距的平均值)。

齿距累积误差 F_p 是指在分度圆上,任意两个同侧齿面间的实际弧长与公称弧长之差的最大绝对值。

实际测量中,由于被测齿轮的分度圆很难确定,因此允许在齿高中部进行测量。通常采用某一齿距作为基准齿距,测量其余的齿距对基准齿距的偏差,然后通过数据处理来求解齿距偏差 f_{pt} 和齿距累积误差 F_p。

测量每一个齿距时,仪器测量点应在齿高中部同一圆周上,齿轮周节测量仪一般是采用齿顶圆定位。测量仪是利用测微表,先对某一齿距进行调零(这一齿距便为基准齿距),然后用该仪器测量每一个齿距,指示表指针对零位的偏离就是被测齿距对基准齿距的差值,因此是采用相对法测量齿距偏差的。图 6 – 12 – 1 为齿轮周节测量仪外形。

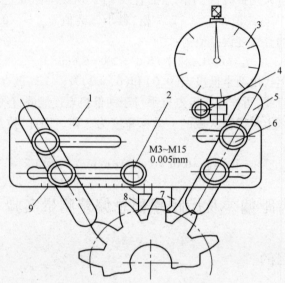

图 6 – 12 – 1　齿轮周节测量仪

1—基板　2—固定量脚固紧螺钉　3—指示表　4—指示表固紧螺钉　5—定位支脚
6—支脚固紧螺钉　7—活动量爪　8—固定量爪　9—模数标尺

6.12.4　实验步骤

齿轮周节测量仪有两个定位脚,如图 6 – 12 – 1 中 5 所示,用以与齿顶接触,使仪器的测量头处于齿轮的齿高中部。测量操作如下:

(1)松开固定量脚固紧螺钉 2,根据被测齿轮的模数,调整固定量爪 8 至相应的模数刻线位置上,并把它固紧。

(2)调整两定位脚的相互位置,使它们与齿顶圆接触,并使两测量爪分别与两相邻同侧齿面在齿高中部接触,两接触点距离两齿顶的高度应接近相等,即可将两个定位脚 5 用 4 个螺钉 6 固紧。

(3)活动测量头是与指示表相连的量爪,活动量爪受压时,指示表指针会偏转。以被测齿轮的任一齿距作为基准齿距(注上标记),在以齿顶定位的前提下,让两测量头压向齿面同时接触,要求活动量爪 7 受压使指针有 1～2 圈的旋转,便可旋转指示表刻度盘使指针指向零位。重复几次对基准齿距进行测量,保证读数均为零值不变,否则要检查所有固紧部分是否牢固。

(4)逐齿测量其余的齿距,指示表相对于零的读数即为这些齿距与基准齿距之差,将测得的数据以列表的形式做好记录,直到测完一周所有的齿距。最后还应重复测量一次基准齿距,检查指示表是否还保持指向零位。若偏离较大,要重新调整仪器,再次进行测量。

6.12.5　数据处理

以一个例子对此说明。测一齿数 $z = 8$ 的齿轮齿距累积误差,其数据如表 6 – 12 – 1 中第二列所示。

测得 $f_{pt相对}$ 以后,再进行数据处理,得出偏差值。数据处理的方法有计算法和作图法两种。

(1)计算法

①求 $\sum_{1}^{z} f_{pt相对}$,即第 2 列的数据逐个与其前面的数据累加列于表中。如表中第 3 列。

②计算出 $K = \dfrac{1}{Z} \sum_{1}^{z} f_{pt相对}$,$K$ 值为测量时作为基准的齿距实际值与公称值之差。

③将第 2 列各数减去 K 值,记入第 4 列,即为各齿距的绝对单个齿距偏差 $f_{pt绝对}$,取其中绝对值最大者为齿轮的齿距偏差值(+13)。

④将第 4 列逐数累积记入第 5 列,即为绝对齿距累积总偏差,该列中最大值与最小值之差即为齿轮的齿距累积总偏差 $F_p = 12 - (-21) = 33$。

表 6 – 12 – 1　　　　　　　　　　齿轮齿距累积误差

齿序	相对单个齿距偏差	相对齿距累积总误差	绝对单个齿距偏差	绝对齿距累积总误差
	$f_{pt相对}$	$f_{p相对}$	$f_{p绝对} = f_{pt相对} - K$	$F_{p绝对}$
1	0	0	0	0
2	+12	+12	+12	(+12)
3	–8	+4	–8	+4
4	–5	–1	–5	–1
5	–8	–9	–8	–9
6	–12	–21	–12	(–21)
7	+13	–8	(+13)	–8
8	+8	(0)	+8	0

（2）作图法　以横坐标为齿序，纵坐标表示$f_{pt相对}$，依次按表 6 – 12 – 1 第 2 列所记数据逐个累加标于图上，得出一系列点，依次连接各点，得到一条折线，过坐标原点与最后一点连线，此线即为绝对齿距累加总偏差的计算基准，取距此线上下两个最远点沿纵坐标方向的距离之和，即为 F_p，如图 6 – 12 – 2，其值 12 + 21 = 33，与计算结果相一致（也可以直接利用表中第 5 列的数值作为 y 坐标值作折线图）。

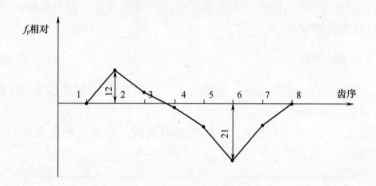

图 6 – 12 – 2　作图法处理测量数据

6.13　金相显微样品的制备及金相显微镜的使用实验

运用金相显微镜观察制备好了的金相试样的组织或缺陷，这种方法称金相显微分析法。它可以观察、研究金属材料或零件中细小的、用粗视分析方法不能观察到的组织及缺陷。

进行显微分析的主要工具是金相显微镜。作为金相显微分析用的光学显微镜，其放大倍数为几十倍到两千倍，分辨率为 250nm 左右。若要观察研究更微小的微观缺陷，则要应用透射电镜、扫描电镜及 X 射线技术等分析方法来进行。

6.13.1　金相显微试样的制备

（1）取样部位及磨面（观察面）的选择　根据被检验金属材料或零件的特点、加工工艺及研究目的进行选择。如：

①研究零件破裂原因时，应在破裂部位取样，再在离破裂处较远的部位取样，以作比较。

②研究铸造合金时，由于组织不均匀，从铸件表层到中心必须分别截取几个样品。

③研究轧材时，如研究材料表层的缺陷、非金属夹杂物的分布，应在垂直轧制方向上截取横向试样；如研究夹杂物的形状、类型、材料的形变程度、晶粒拉长的程度、带状组织等，应在平行于轧制方向上截取纵向试样。

④研究热处理后的零件时,因组织较均匀,可任选一断面试样。若研究氧化、脱碳、表面热处理(如渗碳)的情况,则应在横断面上观察。

(2)试样的截取方法　截取时应保证不使试样观察面的金相组织发生变化。软材料可用锯、车、刨等方法截取,硬材料可用水冷砂轮切片机、电火花切割等方法截取,硬而脆的材料(如白口铸铁),也可用锤击法获取。

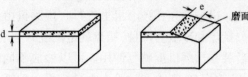

图 6-13-1　斜面截切

(3)试样尺寸　视具体情况而定。一般可取高为 10~15mm,方形试样边长为 15~25m,圆柱形试样直径为 15~25mm。对于观察表层组织的试样,可采用斜面截取的方法,以扩大表层观察范围(图 6-13-1)。

6.13.2　镶样

一般试样不需要镶样。但试样尺寸过于细小,形状特殊如丝材、薄片、细管等制备样品时非常困难,必须把它镶嵌起来。

镶嵌的方法有低熔点合金镶嵌法、热压镶嵌法和机械镶嵌法等。热压镶嵌法有专门的镶样机,将试样放于电木粉或塑料粒中加热到 180℃左右进行热压。由于热压镶嵌时要加一定的温度和压力,这就会使马氏体回火和软金属产生塑性变形等,为避免这种情况,可改用机械镶嵌法,即用夹具夹持试样。

6.13.3　金属试样的磨制

磨制可分为粗磨和细磨两步。

(1)粗磨　对于软材料可用锉刀锉平,一般材料都用砂轮机磨平。砂轮磨时应利用砂轮侧面,以保证试样磨平,试样要不断用水冷却,以防温度升高造成内部组织发生变化。

最后倒角,以防细磨时划破砂纸。但对需要观察脱碳、渗碳等表面情况的试样不能倒角,有时还要采用电镀敷盖来防止这些试样边缘倒角。

(2)细磨　细磨的方法有手工磨光和机械磨光。

手工磨光是用手拿持试样直接在金相砂纸上进行。金相砂纸按粗细分为 180 号、360 号、500 号、600 号、700 号、800 号、900 号等几种,细磨时依次从 700 号磨到 900 号,一般钢铁试样磨到 800 号砂纸,软材料如铝、镁等合金可磨到 900 号砂纸。

磨制时必须注意以下事项:

①使磨面与砂纸完全接触,以保证试样磨面平整不产生弧度;

②每更换一道砂纸,应将试样转 90°再磨,使磨制方向与上一道磨痕方向垂直,以便观察前一道磨痕是否被消除;

③更换砂纸时,应把试样、工作台和手洗擦干净,以免把粗砂粒带到下一道细

砂纸上去;

④磨制软材料时,可在砂纸上涂上一层润滑剂,如机油、汽油、肥皂水等,以免砂粒嵌入软金属内。

由于手工磨制速度慢、效率低,劳动强度比较大,故现在多采用机械磨光的方法。机械磨光在预磨机上进行。预磨机由一个电动机带动一个或两个转盘,转盘分蜡盘和砂纸盘两种,蜡盘就是把混有金刚砂的熔化石蜡浇的转盘上,待凝固车平后装在预磨机上就可使用。可以做成不同粗细的金刚砂的蜡盘,蜡盘磨制的速度快、效率高,在生产检验中大量应用。砂纸盘是把水砂纸剪成圆形,然后用水玻璃粘在预磨机转盘上使用。水砂纸按粗细有 180 号、360 号、400 号、500 号、600 号、700 号、800 号、900 号。一般用 180 号、400 号、600 号、800 号水砂纸依次磨制即可。用蜡盘和砂纸盘磨制时,要不断加水冷却,样品必须持紧,以防飞出伤人。

6.13.4 抛光

抛光的目的是去除试样磨面上经细磨后的细致磨痕,使磨面呈光亮无磨痕的镜面。抛光方法有机械抛光、电解抛光、化学抛光等。

6.13.4.1 机械抛光

机械抛光可分为粗抛和细抛两个步骤,均在抛光机上进行。抛光机由一个电动机带动一个或两个抛光盘,转速为 200 ~ 600r/min。粗抛时转速要高些,精抛或抛软材料时转速要低些。所用抛光材料有抛光布和抛光粉,抛光布蒙在抛光盘上,不同的要求应适当选用不同的抛光布。粗抛时常用帆布、粗呢等,精抛时常用绕布、细呢、丝绸等。抛光粉也称抛光磨料,常用的抛光粉有以下几种:

(1)氧化铝 白色细颗粒,用于粗抛或精抛。

(2)氧化铬 绿色,颗粒极细,用于精抛,硬度很高,常用来抛光淬火后的合金钢等试样,除氧化铬粉外,目前常使用块状的氧化铬抛光膏。

(3)氧化镁 白色,颗粒极细,用于精抛。由于它本身硬度较低,适合有色金属磨面的抛光。

(4)金刚砂 又称碳化硅,具有较高的硬度,常用于粗抛或做成蜡盘用。

(5)金刚石粉 具有极高的硬度和良好的磨削作用,抛光软、硬材料都有良好的效果。可用于抛光硬质合金等极硬的材料,价格贵,应用较少。

抛光时应注意以下事项:

(1)除抛光膏外,抛光粉都要配成抛光液使用。粗抛用抛光粉的粒度为 500 ~ 600 号(筛目),精抛用的抛光粉要求选得更细。

(2)抛光时应使试样磨面均衡地压在旋转的抛光盘上,压力不宜过大,并应使试样沿抛光盘的半径方向从中心到边缘来回移动。

(3)抛光过程中要不断注入适量抛光液。若抛光布上抛光液太多,会使钢中夹杂物及铸铁中的石墨脱落,抛光面质量也不好;若太少,将使抛光面变得晦暗而有黑斑。

(4)抛光后期,应使试样在抛光盘上各方向转动,以防止钢中夹杂物产生拖尾现象。

(5)为尽量减少抛光面表层金属变形的可能性,整个抛光时间不宜过长,磨痕全部消除出现镜面后,抛光即可停止,试样用水冲洗或用酒精洗干净后就要转入浸蚀或直接在显微镜下观察。

6.13.4.2　电解抛光

由于机械抛光时在试样磨面上将发生"金属流动",产生表面金属变形层(称拜尔培层),会影响金相组织显示的真实性。在光学显微镜下尚能显示出材料接近真实的组织,但在特殊精细的研究中将感到不足,如电子显微镜组织研究与电子衍射结构的研究。

近来电解抛光得到广泛使用。由于电解抛光纯系电化溶解作用,无机械力的影响,不致引起表层金属变形或流动。所以电解抛光的金相试样能显示材料的真实组织。因此硬度低,单相合金,极易加工变形的合金,像奥氏体不锈钢、高锰钢等材料以采用此法为宜。电解抛光速度很快,试样对预先磨光操作要求也比较低,效率高。

但电解抛光对于材料化学成分的不均匀性、显微偏析特别敏感,在金属基体与非金属夹杂物处常被剧烈地浸蚀,所以电触抛光现在还不适用于偏析显著的金属材料(铸造偏析、轧制偏析)、铸铁及作夹杂物检验的金相试样。

把试样放入电解液中,接通试样(阳极)与阴极间的电源,在一定条件下,可以使试样磨面产生选择性的溶解,逐渐使磨面变到光滑平整。

电解抛光有专用的电解抛光仪,使用时可按仪器使用说明进行。

6.13.4.3　化学抛光

化学抛光是靠化学试剂的溶解作用,得到光亮的抛光表面,操作简便,成本低廉。

抛光时将试样浸在合适的抛光液中,进行适当搅动即可。或用棉花蘸取化学抛光液,在试样磨面上来回擦动即可。化学抛光兼有化学浸蚀的作用,能显示金相组织,因此试样经化学抛光后可直接在显微镜下观察。化学抛光对试样磨面原来表面粗糙度要求不很高,它只能做到试样表面光滑的、起伏的波形。但在较低放大倍数下并不妨碍金相组织的观察。

6.13.5　金相组织的显示

除观察试样中某些非金属夹杂物及铸铁中的石墨等外,金相试样磨面经抛光后,一般还要用化学、物理等方法进行组织显示才能观察。

6.13.5.1　化学浸蚀

利用化学浸蚀剂,通过化学或电化学作用显示金属的组织。

纯金属及单相合金的浸蚀系一个化学溶解的过程。由于晶界上原子排列的规律性差,具有较高的自由能,所以晶界处较易浸蚀而呈沟壑。若浸蚀较浅,则在显微镜下可显示出纯金属或固溶体的多面体晶粒,若浸蚀较深,则在显微镜下可显示出明暗不一的晶粒(图6-13-2)。这是由于各晶粒位向不同,溶解速度不同,浸蚀后的显微平面与原磨面的角度不同,在垂直光线照射下,反射光线方向不同,显示出明暗不一。

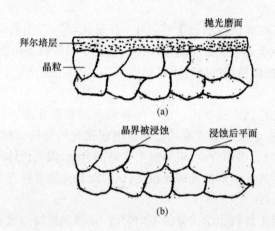

图6-13-2 纯金属及单相合金化学浸蚀时各阶段的情况
(a)未浸蚀 (b)晶界浸蚀

二相合金的浸蚀主要是一个电化学腐蚀过程。两个组织相有不同的电位,在浸蚀剂(即电解液)中,形成极多的微小的局部电池。较高负电位的一相成为阳极,被迅速溶入电解液中,逐渐凹下去,而较高正电位的另一相成为阴极,保持原光滑平面,在显微镜下可清楚显示出两相。

多相合金的浸蚀,也是一个电化溶解过程。其方法有两种:

①选择浸蚀法:即选用几种合适的浸蚀剂,依次浸蚀,使各相均被显示。

②薄膜浸蚀法:浸蚀剂与磨面各相起化学反应,形成一层厚薄不均匀的氧化膜层(或反应产物的沉积),在白色光的照射下,由于光的干涉现象,使各相出现不同色彩而显示组织。

腐蚀的步骤是,将已磨光的样品(样品磨光后不要用手去摸表面,以免沾上油污),用水冲除抛光粉,用酒精洗去残余,然后用滴管或棉花球蘸取腐蚀剂,在样品表面涂抹一定时间,然后用水冲洗干净,用干净毛巾擦干表面上的水.或用电热吹风机吹干,即可用于显微分析。为了长久保存经腐蚀后的显微样品,需在试样表面涂上一层保护膜,常用的有指甲油或硝酸纤维漆加香蕉水。

6.13.5.2 电解浸蚀

与电解抛光类似,只是工作电压与工作电流比电解抛光时要小。由于各相之间和晶粒与晶粒之间的析出电位不一致,在微弱电流的作用下各相的浸蚀深浅不一样,故显示出组织。

除以上显示方法外,还有几种金相组织特殊显示法,如热染、热蚀、阴极真空显示法、磁性组织显示法等,不一一介绍了。

6.14 金相显微镜的原理及使用方法实验

6.14.1 金相显微镜的基本原理

显微镜的基本原理如图 6 – 14 – 1 所示,光学系统包括物镜、目镜及一些辅助光学零件。

对着物体 AB 的一组透镜组成物镜 O_1,对着眼睛的一组透镜组成目镜 O_2。物镜、目镜都各由复杂的透镜系统组成。

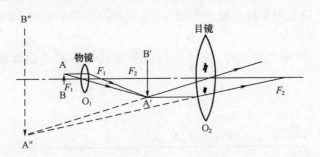

图 6 – 14 – 1 显微镜光学原理图

物镜使物体 AB 形成放大的倒立实像 A′B′,目镜再把 A′B′放大成倒立虚像 A″B″,其位置正好在人眼的明视距离处,即距人眼 250mm 处。我们在显微镜目镜看到的就是这个虚像 A″B″。

显微镜的主要性能有放大倍数、鉴别率和景深等。

(1)显微镜的放大倍数 显微镜的放大倍数可由下式决定:

$$M = M_物 \times M_目 = -\frac{L}{f_物} \cdot \frac{D}{f_目}$$

式中 M——显微镜的放大倍数

$M_目$——目镜的放大倍数

$M_物$——物镜的放大倍数

D——明视距离(250mm)

$f_物$——目镜的焦距

$f_目$——物镜的焦距

L——显微镜的光学镜筒长度

$f_物$、$f_目$ 越短或 L 越长,则显微镜的放大倍数越高。在使用时,显微镜的放大倍数为物镜和目镜的放大倍数的乘积,有的小型显微镜的放大倍数需要乘一个镜筒系数,因为它的镜筒长度比一般显微镜短。

(2)显微镜的鉴别率 显微镜的鉴别率是指它能清晰地分辨试样上两点间最小距离 d 的能力。在普通光线下,人眼能分辨两点间的最小距离为 0.15 ~ 0.30mm,即人眼的鉴别率 d 为 0.15 ~ 0.30mm,而显微镜当其有效放大倍数为 1400 倍时,其鉴别率 $d = 0.21 \times 10^{-3}$ mm,d 值越小,鉴别率越高。鉴别率可由下式计算出来:

$$d = \frac{\lambda}{2A}$$

式中 λ——入射光线的波长

A——物镜的数值孔径

显微镜的鉴别率取决于使用光线的波长和物镜的数值孔径,与目镜没有关系。光源的波长可通过滤色片来选择。蓝光的波长($\lambda = 0.44\mu m$)比黄绿光($\lambda = 0.55\mu m$)短,所以鉴别率较黄绿光大 25%,当光源的波长一定时,则通过变化 A 来调节显微镜的鉴别率。

(3)景深 即垂直鉴别率,反映显微镜对于高低不同的物体能清晰成像的能力。

$$景深 = \frac{1}{7M\sin\theta} + \frac{1}{2n\sin\theta}$$

式中:M——放大倍数

θ——孔径角

λ——波长

n——折射率

放大倍数或数值孔径越大,景深越小,在进行断口分析时,若景深太小,则对断口上凹凸不平的浮雕难以同时有清晰的图像。

(4)物镜的数值孔径 数值孔径表示物镜的集光能力,它与介质的折射率有关:

$$A = n\sin\Psi$$

式中 A——物镜的数值孔径

n——物镜与试样之间介质的折射率

Ψ——物镜孔径角的一半(图 6 - 14 - 2)

n 越大或物镜孔径角越大,则数值孔径越大。由于 Ψ 总是小于 90°,所以在空气介质($n = 1$)中使用时,数值孔径 A 一定小于 1,这类物镜称干系物镜。当物镜与试样之间充满松柏油介质($n = 1.52$)时,A 值最高可达 1.4,这就是显微镜在高倍观察时用的油浸系物镜(简称油镜头)。每个

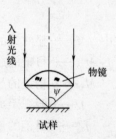

图 6 - 14 - 2 物镜的
孔径角

物镜都有一个设计额定的 A 值,刻在物镜体上。

(5)放大倍数、数值孔径、鉴别率之间的关系　显微镜的同一放大倍数可由不同倍数的物镜和目镜来组合。如 45 倍的物镜乘 10 倍的目镜或者 15 倍的物镜乘 30 倍的目镜都是 450 倍。对于同一放大倍数,如何合理选用物镜和目镜呢? 首先确定物镜,根据计算,选用物镜时,必须使显微镜的放大倍数在该物镜数值孔径的 500 倍到 1000 倍之间,即:

$$M = 500A \sim 1000A$$

这个范围称有效放大倍数范围。若 $M < 500A$,则未能充分发挥物镜的鉴别率。若 $M > 1000A$,则形成"虚伪放大",细微部分将分辨不清,待物镜选定后,再根据所需放大倍数选用目镜。

(6)透镜形成缺陷

①球面像差:当来自 A 点的单色光(即一定波长的光线)通过透镜后,由于透镜表面呈球形,光线不能交于一点,则使放大后的像模糊不清。此现象称为球面像差。

降低球面像差的办法,除了制造物镜时采取不同透镜的组合进行必要的校正外,在使用显微镜时也可采取调节孔径光栏,适当控制入射光束粗细,减少透镜表面面积的办法把球面像差降低到最低限度。

②色像差:白色光是由七种单色光组成的。当一束来自 A 点的白色光通过透镜后,由于各单色光的波长不同,折射率不同,使光线折射也不能交于一点。紫光折射最强,红光折射最弱,结果也使成像模糊不清,此现象称为色像差。

消除色像差的办法,一是制造物镜时进行校正,根据校正程度,物镜可分为消色差物镜和复消色差物镜。消色差物镜常与普通目镜配合,用于低倍、中倍观察,复消色差物镜与补偿目镜配合用于高倍观察。二是使用滤色片得到单色光,常用黄色或绿色滤色片。

6.14.2　金相显微镜的构造

金相显微镜可分为台式、立式和卧式三种类型,各种类型又有许多不同的型号,虽然它们的型式极多,但基本构造大致相同。现以上海光学仪器厂制造的 XJB—1 型金相显微镜为例来介绍显微镜的构造。

(1)照明系统如图 6 - 14 - 3 所示,由灯泡 1 发出的一束光线,经聚光镜组 2→反光镜 7→孔径光栏 8→聚光镜组 3→物镜 6 至样品表面,光线经样品表面反射后,经物镜 6→辅助透镜 5→半反射镜 4→辅助透镜 10→棱镜 11、12 -→物镜 13→目镜 14,最后进入观察者眼睛内。

其中孔径光栏可以控制入射光束的粗细。当孔径光栏缩小时,进入物镜的光束变细,球面像差降低,成像较清晰。但同时由于进入物镜的光束变细,使物镜的孔径角缩小,因而实际使用的数值孔径值下降、鉴别率降低。相反,当光栏张大时,鉴别率提高,但球面像差增加以及镜筒内部反射和内弦的增加,将使成像质量降低,孔径光栏在使用时必须做适当的调节,以观察成像清晰时为适度。注意不要把孔径光栏作为调节视场的亮度使用。

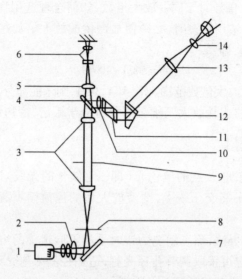

图 6 – 14 – 3　显微镜照明及光学系统示意图

1—灯泡　2—聚光镜组(一)　3—聚光镜组(二)　4—半反射镜　5—辅助透镜(一)　6—物镜组
7—反光镜　8—孔径光栏　9—视场光栏　10—辅助透镜(二)　11—棱镜　12—棱镜
13—物镜　14—接目镜

视场光栏用来调节观察视场的大小。适当调节视场光栏可以减少镜筒内光线反射的炫光,提高成像的衬度,而对物镜的鉴别率没有影响。

在进行金相摄影时,往往使用滤色片,以增加金相照片上组织的衬度,得到较短波长的单色片,可提高鉴别率。配合消色差物镜,可有效地消除色像差。

(2)光学系统　主要是物镜和目镜,其参数见表 6 – 14 – 1。

表 6 – 14 – 1　　　　　　　　物镜和目镜参数

	光学系统	放大倍数	数值孔径	焦距/mm	工作距离/mm
消色差物镜	干燥系统	8 ×	0.25	19.96	9.00
	干燥系统	45 ×	0.63	4.12	0.50
	油浸系统	100 ×	1.25	1.93	0.18
	放大倍数		焦距/mm		视场直径/mm
惠更斯目镜	5 ×		50		20
	10 ×		25		14
	15 ×		16.7		9.5

　　物镜有消色差物镜、平面消色差物镜、复消色差物镜等几种。物镜的主要性能包括放大倍数、数值孔径、鉴别率、景深等。物镜的类型、放大倍数(或焦距),数值孔径等通常刻在物镜的金属外壳上,油浸物镜用"01"、"H1"或"oil"等表示,另在黑圈标记。放大倍数有以 8 ×、45 ×、100 ×表示的,也有以焦距来表示的,如 $F = 8.16, F = 2.77$ 等,焦距越短,放大倍数越高。以焦距表示物镜与目镜配合后的放大倍数可查显微镜的附表。

　　物镜上刻有 45 ×/0.65"∞"或"0/∞"等符号。其中 45 ×表示放大倍数,0.65表示数值孔径,"∞"或"0/∞"表示此物镜是按无限镜筒长度设计的。XJB—l 型金相显微镜备有 8 ×(干系),45 ×(干系)及 100 ×(油系),三个物镜。

　　目镜有普通目镜、补偿目镜、测微目镜、照相目镜等,目镜的类型、放大倍数等刻在目镜的金属外壳上。普通目镜与消色差物镜配合使用。补偿目镜带"K"字标记,与复消色差物镜配合使用。补偿目镜不可与消色差物镜配合使用。测微目镜内附有细微标尺,可测量金相组织中晶粒大小、石墨长短、表面脱碳层厚度以及显微硬度压痕等,照相目镜在进行金相摄影时使用。XTB—1 型金相显微镜备有5 ×、10 ×、15 ×三个目镜。

　　显微镜在使用时可根据所需要的放大倍数选择合适的物镜和目镜。有的显微镜(如蔡司 Epinost 小型金相显微镜)由于其镜筒长度较一般显微镜短些,在计算放大倍数时要乘上一个系数,即 $M = KM_物 M_目$,系数 K 称镜筒系数,刻在镜体上。

　　(3)机械系统　粗调焦手轮、细调焦手轮用于调节物镜与试样表面距离,以得到最清晰的图像。

　　载物台用于载放样品,可以用手在水平面各方向上自由移动样品,以便观察样品的适当部位。

　　利用目镜转换器可以方便地更换不同倍数的目镜,并保证使视场中央区域保持在观察范围内。

　　底座为整个显微镜的支撑部件,并可安装金相摄影装置。

　　XJB - 1 型金相显微镜备有照相装置,需要时可将其装上进行拍摄。

6.14.3　金相显微镜使用注意事项

　　金相显微镜是贵重的精密光学仪器,在使用时一定要自觉遵守实验室的制度和以下规定:

　　(1)初次操作显微镜前,应首先了解显微镜的基本原理、构造、各主要附件的作用、位置等,并了解显微镜使用注意事项。

　　(2)金相样品要干净,不要残留有酒精和浸蚀剂,以免腐蚀物镜的透镜。不能用手摸透镜,擦透镜要用擦镜头纸。

　　(3)照明灯泡电压,一般为 6V、8V。必须通过降压变压器使用,千万不可将其直接插入 220V 电源,以免烧毁灯泡及发生触电事故。

（4）操作要细心，不得有粗暴和剧烈的动作。安装、更换镜头及其他附件时要小心，不得摔在地上或桌上。

（5）调焦距时要避免物镜与样品接触。应先将载物台下降，使样品尽量靠近物镜（不能接触），然后用眼从目镜中观察，先用双手旋转粗调焦手轮，使载物台慢慢上升，待看到金相组织后，再调节细调焦手轮，直到图像清晰为止。

（6）使用中出现故障立即报告老师，不得私自处理。

（7）使用完毕，关闭电源，把镜头与附件放回附件盒，把显微镜恢复成使用前状态。

（8）认真填写使用登记本，经老师检查无误后方可离开实验室。

7　综合性实验

7.1　概述

综合性实验以培养学生综合设计能力和跨学科的工程应用能力为目标,是指实验内容涉及本课程的综合知识或与本课程相关知识的实验。主要体现在:

(1)是不同课程之间及同一课程不同章节之间的知识结合;

(2)是不同实验手段的结合,以现代测试技术、控制技术、计算机应用为基础,通过各种现代技术实现对机械系统的设计、加工及性能检测;

(3)是以提高学生认识、分析、解决工程问题的能力为目的。

7.2　齿轮公法线平均长度偏差的测量实验

7.2.1　实验目的

(1)掌握齿轮公法线长度的测量方法。

(2)熟悉公法线长度偏差 E_w 的意义和评定方法。

7.2.2　实验设备及测量内容

(1)公法线千分尺的主要技术规格:刻度值 0.01mm,测量范围 0 ~ 25mm;25 ~ 50mm。

(2)用公法线千分尺测量所给齿轮的公法线长度。

7.2.3　仪器及测量原理说明

公法线长度 W 是指与两异名齿廓相切的两平行平面间的距离(图 7 - 2 - 1),该两切点的连线切于基圆,因而选择适当的跨齿数,则可使公法线长度在齿高中部量得。与测量齿厚相比较,测量公法线长度时测量精度不受齿顶圆直径偏差和齿顶圆柱面对齿轮基准轴线的径向圆跳动的影响。

齿轮公法线长度根据不同精度的齿轮,可用游标卡尺、公法线千分尺、公法线指示卡规和专用公法线卡规等任何具有两平行平面量脚的量具或仪器进行测量,但必须使量脚能插进被测齿轮的齿槽内,与齿侧渐开线面相切。

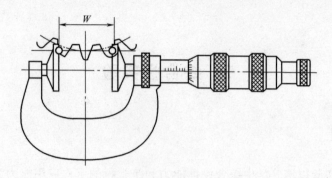

图 7 - 2 - 1　公法线千分尺

公法线平均长度偏差 E_w 是实际公法线长度的平均值对公称值的偏差。它与齿厚偏差有关,用来评定齿侧间隙。直齿轮的公称公法线长度和平均长度偏差按下式计算。

(1)公法线的公称长度　计算公式为

$$W = m\cos\alpha\left[\pi(n - 0.5) + z\,\mathrm{inv}\alpha\right] + 2xm\sin\alpha$$

式中　m——被测齿轮的模数

α——分度圆压力角

x——变位系数

n——跨齿数

z——被测齿轮的齿数

$\mathrm{inv}\alpha$——渐开线函数,$\mathrm{inv}20° = 0.0149$

当时 $\alpha = 20°$,$x = 0$ 时,$W = m[1.4761 \times (2n - 1) + 0.014z]$

(2)跨齿数　计算公式为:

$$n = z\frac{\alpha}{180°} + 0.5$$

为了使用方便,对于 $\alpha = 20°$,$m = 1$ 的标准直齿圆柱齿轮,按上述公式计算出的 n 和 W,列于表 7 - 2 - 1。

(3)公法线平均长度的上下偏差及公差　计算公式为:

上偏差　　　　　$E_{wns} = E_{ss}\cos\alpha - 0.72F_r\sin\alpha$

下偏差　　　　　$E_{wni} = E_{si}\cos\alpha + 0.72F_r\sin\alpha$

公差　　　　　　$T_{wm} = T_s\cos\alpha - 2 \times 0.72F_r\sin\alpha$

式中　E_{ss}——齿厚的上偏差

T_s——齿厚的公差

F_r——齿圈径向跳动公差

α——压力角

表 7 – 2 – 1 　 　 标准直齿圆柱齿轮跨齿数和公法线长度公称值($\alpha = 20°, m = 1, x = 1$)

齿数 z	跨齿数 n	公法线长度 W/mm	齿数 z	跨齿数 n	公法线长度 W/mm
17	2	4.666	33	4	10.795
18	3	7.632	34	4	10.809
19	3	7.646	35	4	10.823
20	3	7.660	36	5	13.789
21	3	7.674	37	5	13.803
22	3	7.688	38	5	13.817
23	3	7.702	39	5	13.831
24	3	7.716	40	5	13.845
25	3	7.730	41	5	13.859
26	3	7.744	42	5	13.873
27	4	10.711	43	5	13.887
28	4	10.725	44	5	13.901
29	4	10.739	45	6	16.867
30	4	10.753	46	6	16.881
31	4	10.767	47	6	16.895
32	4	10.781	48	6	16.809

注:对于其他模数的齿轮,则将表中 W 的数值乘以模数。

7.2.4　实验步骤

（1）根据被测齿轮参数和精度及齿厚要求计算 W、n 的值,并查有关表格,画出公差带图。

（2）熟悉量具,并调试（或校对）零位:用标准校对棒对放入公法线千分尺的两测量面之间校对零位,记下校对格数。

（3）跨相应的齿数,测出公法线长度,相隔约 120° 左右测量三次求出平均值,并计算出平均长度与公称长度 W 之差即为公法线平均长度偏差 E_w,其值在公法线平均长度极限偏差 E_{wns} 与 E_{wni} 范围内为合格。

（4）整理实验现场。

7.2.5　实验注意事项

（1）应使用棘轮机构控制测力,不应直接拧紧活动套筒。

（2）测量时,使两量脚内测平行紧贴齿面时读数。

7.3　齿轮径向综合偏差和一齿径向综合偏差的测量实验

7.3.1　实验目的

(1)掌握齿轮双面啮合综合检查仪的测量原理和测量结果的评定方法。

(2)熟悉和分析在该测量方法中所反映的齿轮在加工中产生误差的因素。

(3)加深对径向综合总偏差 $\Delta F''_i$ 和一齿径向综合偏差 $\Delta f''_i$ 意义的理解。

7.3.2　实验设备及测量内容

(1)齿轮双面啮合综合检查仪的主要技术规格:齿轮轴心线间距离 20 ~ 160mm,可测齿轮模数 m 为 1 ~ 6mm,带轴齿轮最大外径 150mm,带轴齿轮轴长 50 ~ 200mm。

(2)应用齿轮双面啮合检查仪及测量齿轮,使测量齿轮与被检验的齿轮在双面啮合情况下,记录被检验齿轮回转一周时啮合中心距的变化曲线。

7.3.3　仪器及测量原理说明

齿轮双面啮合综合测量是将被检验的齿轮(称为被测齿轮)与测量齿轮(精度比被测齿轮高二级以上的高精度齿轮)无侧隙双面啮合,当被测齿轮回转一周时,通过两齿轮双面啮合中心距的变动数值来评定齿轮的加工精度。它是一种综合测量方法,测量方法简单,效率高,且是一种连续测量,容易实现自动化检测,故在成批大量生产中应用广泛。但由于它不能反映运动偏心的影响,又与齿轮实际工作的情况不完全符合,故还不能用以全面评定齿轮的使用质量。

径向综合总偏差 $\Delta F''_i$ 是指被测齿轮与测量齿轮双面啮合时(前者左、右齿面同时与后者齿面接触),在被测齿轮转动一转内双啮中心距的最大值与最小值之差。一齿径向综合偏差 $\Delta f''_i$ 是指在被测齿轮转动一转中对应一个齿距角($360°/z$,z 为被测齿轮的齿数)范围内的双啮中心距变动量,取其中的最大值 $\Delta F''_{imax}$ 作为评定值。

齿轮双面啮合综合检查仪的外形见图 7-3-1。被测齿轮安装在可沿仪座 19 导轨滑动的主滑架 17 上的上顶尖 10 和下顶尖 14 之间,标准齿轮安装在可沿 V 形导轨浮动的测量滑架 4 上的上、下顶尖之间,按两齿轮理论中心距固定主滑架。测量滑架借助弹簧力靠向主滑架,使两个齿轮进行紧密的无侧隙啮合。转动被测齿轮时,通过检查由于齿轮加工误差引起的中心距变化量来综合地反映被测齿轮的加工误差,其中心距的变动量由百分表 1 显示出来。

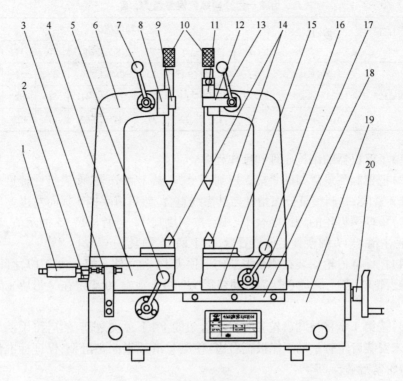

图 7 – 3 – 1　齿轮双面啮合综合检查仪的外形图

1—百分表　2—螺钉　3—挡钉　4—测量滑架　5—手柄　6—立柱　7—手柄

8—V 形块　9—锁紧块　10—上顶尖　11—托架　12—拨杆　13—手柄　14—下顶尖

15—游标尺　16—手柄　17—主滑架　18—刻度尺　19—仪座　20—手轮

7.3.4　实验步骤

根据被测齿轮的参数、精度要求,查表 7 – 3 – 1 得齿轮径向综合总公差 F''_i 的值,查表 7 – 3 – 2 得齿轮一齿径向综合偏差 f''_i 的值。

表 7 – 3 – 1　　　　　　　　　　齿轮径向综合总公差 F''_i 值

分度圆直径 d/mm	法向模数 m/mm	精度等级								
		4	5	6	7	8	9	10	11	12
	$1.5 \leqslant m \leqslant 2.5$	15	22	31	43	61	86	122	173	244
$50 < d \leqslant 125$	$2.5 < m \leqslant 4.0$	18	25	36	51	72	102	144	204	288
	$4.0 < m \leqslant 6.0$	22	31	44	62	88	124	176	248	351

表 7-3-2 齿轮一齿径向综合偏差值 f''_i 值

分度圆直径 d/mm	法向模数 m/mm	精度等级								
		4	5	6	7	8	9	10	11	12
50 < d ≤ 125	1.5 ≤ m ≤ 2.5	4.5	6.5	9.5	13	19	26	37	53	75
	2.5 < m ≤ 4.0	7.0	10	14	20	29	41	58	82	116
	4.0 < m ≤ 6.0	11	15	22	31	44	62	87	123	174

(1)了解仪器的结构原理和操作程序。

(2)把控制测量滑架的手柄 5 扳到正上方,装上百分表,使表指针转过 5 圈后用螺钉 2 紧固,并调整百分表指针与其零线重合,然后将手柄 5 扳向左边。

(3)根据两齿轮的理论啮合中心距,按刻度尺 18 与游标尺 15 的示值,转动手轮 20 把主滑架 17 调整到工作位置后,用手柄 16 锁紧。

(4)把标准齿轮安装在测量滑架的下顶尖 14 和立柱 6 的上顶尖 10 之间,在顶紧标准齿轮情况下,转动手柄 7 带动锁紧块 9 将上顶尖 10 固定在 V 形块 8 的 V 形面内。

(5)按第 4 步将被测齿轮安装在主滑架的上、下顶尖之间,然后将手柄 5 扳向右边(未安装齿轮时手柄不能扳至右边)使测量滑架靠向主滑架,保证标准齿轮和被测齿轮紧密啮合。

(6)在两齿轮正常啮合的情况下,用手轻微而均匀地转动被测齿轮,在转动一周(或一齿)的过程中观察百分表的示值的最大摆动量(最大与最小读数差),该变化量就是一周(或一齿)内中心距的变动量。在转动一周(或一齿)过程中百分表示值相对百分表原始零位的最大值即为被测齿轮的 $\Delta F''_i$ 或 $\Delta f''_i$ 值。

(7)当一个齿轮测量完毕后,将测量滑架控制手柄 5 扳至左边,使标准齿轮和被测齿轮脱开,然后转动手柄 13,带动拨杆 12 转动,通过固定在上顶尖上的托架 11 将上顶尖向上移动(其移动距离根据需要可调),卸下被测齿轮,更换新的被测齿轮,锁紧上顶尖,将手柄 5 扳至右边,按第 6 步中的方法继续进行测量。

(8)根据齿轮的技术要求,按 $\Delta F''_i \leq F''_i$ 和 $\Delta f''_i \leq f''_i$ 判断合格性。

(9)清洗仪器,整理现场。

7.4 齿轮径向跳动的测量实验

7.4.1 实验目的

(1)进一步加深对齿轮径向跳动 ΔF_r 的定义的理解。

(2)熟悉齿轮径向跳动检查仪的结构及它的使用方法。

7.4.2 实验设备及测量内容

（1）DD300 齿轮跳动检查仪的主要技术规格：被测齿轮模数范围 1 ~ 6mm，最大直径 300mm，两顶针间最大距离 418mm，测量支架转动范围 ±90°，指示表分度值 0.001mm。

（2）测量内容：齿轮径向跳动。

7.4.3 仪器及测量原理说明

DD300 型齿轮跳动检查仪的外形如图 7 - 4 - 1。本仪器可以对具有中心孔的带轴内外啮合圆柱齿轮、圆锥齿轮、蜗轮和蜗杆的齿圈径向和端面跳动进行测定（被测齿轮如果不带轴，用户可自制具有中心孔的心轴），也可以对具有中心孔的圆柱和圆锥的径向跳动进行测量。

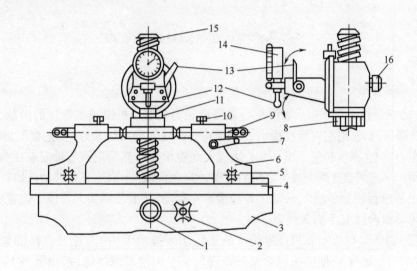

图 7 - 4 - 1　齿轮径向跳动检查仪

1—滑台移动手轮　2—滑台锁紧手柄　3—底座　4—滑台　5—锁紧螺钉　6—顶尖架
7—顶尖移动手柄　8—调节螺母　9—顶尖　10—锁紧螺钉　11—被测齿轮　12—测头
13—指示表拨动手柄　14—指示表　15—立柱　16—立柱固紧螺钉

齿圈的径向跳动为测头相对于齿轮轴线的最大变动量。因此，齿圈径向跳动的测量是用具有原始齿条齿形的测量头进行。测量时，将被测齿轮固定在仪器两顶针间。指示表的位置固定后，使安装在指示表测杆上的球形测头或锥形测头在齿槽内于齿高中部双面接触。测头的尺寸大小应与被测齿轮的模数协调，以保证测头在接近齿高中部与齿槽双面接触。用测头依次逐齿槽地测量它相对于齿轮基准线的径向位移，该径向位移由指示表的示值反映出来。如图 7 - 4 - 2，指示表的最大示值与最小示值之差即为齿轮径向跳动 ΔF_r 的数值。齿轮径向跳动主要用于评定由几何偏心 l 所引起的径向误差。

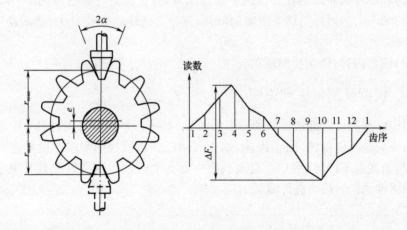

图 7 - 4 - 2　径向跳动

7.4.4　实验步骤

(1)在量仪上调整指示表测头与被测齿轮的位置。根据被测齿轮的模数,选择尺寸合适的测头,把它安装在指示表 14 的测杆上(实验时已装好)。把被测齿轮 11 安装在心轴上(该齿轮的基准孔与心轴成无间隙配合),然后把该心轴安装在两个顶尖之间。注意调整这两个顶尖之间的距离,使心轴无轴向窜动,且能转动自如。

松开滑台锁紧手柄 2,转动手轮使滑台 4 移动,从而使测头大约位于齿宽中间,然后再将滑台锁紧手柄 2 锁紧。

(2)调整量仪指示表示值零位。放下指示表拨动手柄 13,松开立柱固紧螺钉 16,转动调节螺母 8,使测头随表架下降到与某个齿槽双面接触,把指示表 14 的指针压缩(正转)1 ~ 2 转,然后将立柱固紧螺钉 16 紧固。转动指示表的表盘(分度盘),把表盘的零刻线对准指示表的指针,确定指示表的示值零位。

(3)测量。抬起指示表拨动手柄 13,把被测齿轮 11 转过一个齿槽,然后放下指示表拨动手柄 13,使测量头进入齿槽内,与该齿槽双面接触,并记下指示表的示值。这样依次测量其余的齿槽,从各次示值中找出最大示值和最小示值,它们的差值即为齿轮径向跳动 ΔF_r 的数值。在回转一圈后,指示表的"原点"应不变(如有较大的变化需要检查原因)。

(4)根据齿圈径向跳动公差 F_r,判断被测齿轮的合格性。($\Delta F_r \leqslant F_r$ 为合格)

(5)清洗量仪、工件,整理现场。

7.5 齿轮齿厚偏差的测量实验

7.5.1 实验目的

(1)熟悉齿轮分度圆齿厚的测量原理、方法以及有关参数计算。

(2)掌握分度圆齿厚对齿轮副侧隙的影响。

7.5.2 实验设备及测量内容

(1)齿厚游标卡尺的主要技术规格:刻度值 0.02mm,测量齿轮模数范围 m 为 $1\sim26\text{mm}$。

(2)应用齿厚卡尺测量分度圆齿厚;用游标卡尺(百分表)测量齿顶圆直径,用以修正分度圆齿高。

7.5.3 仪器及测量原理说明

齿厚偏差是在分度圆柱面上,齿厚实际偏差与公称偏差之差,如图 $7-5-1$。对于斜齿轮是指沿着螺旋线的法向齿厚。齿厚偏差是控制侧隙的一项基本指标,实质为分度圆弧齿厚的偏差,即应沿分度圆进行测量。但由于弧长难以直接测量,故实际测量为分度圆弦齿厚。通常用齿厚游标卡尺来测量,以齿顶圆作为测量基准。

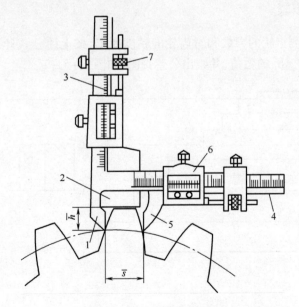

图 $7-5-1$ 齿厚游标卡尺

1—固定量爪 2—高度定位尺 3—垂直游标尺 4—水平游标尺

5—活动量爪 6—游标框架 7—调整螺母

标准直齿圆柱齿轮分度圆上公称弦齿高 $\bar{h}$ 与公称齿厚 $\bar{s}$ 分别为：

$$\bar{h} = m\left[1 + \frac{z}{2}\left(1 - \cos\frac{90°}{z}\right)\right]$$

$$\bar{s} = mz\sin\frac{90°}{z}$$

为了使用方便,按上式计算出模数为 1mm 各种不同齿数的齿轮的公称弦齿高和公称齿厚,列于表 7 – 5 – 1。

表 7 – 5 – 1　　　标准直齿圆柱齿轮分度圆公称弦齿高和公称齿厚($m = 1$)

齿数 z	$\bar{h}$/mm	$\bar{s}$/mm	齿数 z	$\bar{h}$/mm	$\bar{s}$/mm	齿数 z	$\bar{h}$/mm	$\bar{s}$/mm
17	1.0363	1.5686	24	1.0257	1.5696	31	1.0199	1.5701
18	1.0342	1.5688	25	1.0247	1.5697	32	1.0193	1.5702
19	1.0324	1.5690	26	1.0237	1.5698	33	1.0187	1.5702
20	1.0308	1.5692	27	1.0228	1.5698	34	1.0181	1.5702
21	1.0294	1.5693	28	1.0220	1.5700	35	1.0176	1.5703
22	1.0280	1.5694	29	1.0212	1.5700	36	1.0171	1.5703
23	1.0268	1.5695	30	1.0205	1.5701	37	1.0167	1.5703

注:对其他模数的齿轮,则将表中数值乘以模数。

7.5.4　实验步骤

(1)根据被测齿轮的参数和对齿轮的精度要求,按上述公式计算 $\bar{h}$、$\bar{s}$(或从表中查取)及 E_{ss}、T_s、E_{si} 的数值,并绘出公差带图,如图 7 – 5 – 2。

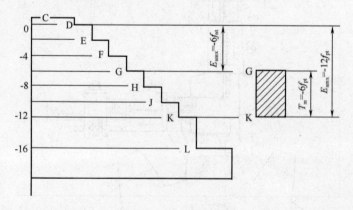

图 7 – 5 – 2　公差带图

(2)测量被测齿轮实际齿顶圆半径 r'_a,并计算出理论的齿顶圆半径 r_a。

(3)求出被测齿轮的实际分度圆弦齿高: $\bar{h}' = \bar{h} - (r_a - r'_a)$。

（4）将垂直游标尺准确地定位到$\overline{h'}$上，并用螺钉固紧。

（5）将卡尺置于被测轮齿上，使垂直游标高度板与齿轮齿顶紧密地接触，然后移动水平游标尺的量爪，使2个量爪分别与轮齿的左右齿面接触，从水平游标尺上读出弦齿厚实际值$\overline{s'}$（注意：一定使量爪测量面与齿面保持良好的接触，否则测得值会偏大。接触良好与否可借透光加以判断）。在圆周的四个等距离位置上进行测量。测得的实际齿厚$\overline{s'}$与齿厚公称值$\overline{s}$之差即为齿厚偏差ΔE_s。取其中的最大值和最小值作为测量结果。

（6）根据被测齿轮给定的齿厚上下偏差，判断被测齿轮的合格性。

7.6　用工具显微镜测量外螺纹参数实验

7.6.1　实验目的

（1）熟悉工具显微镜的结构原理及操作测量方法。

（2）熟悉工具显微镜测量螺纹各参数的方法，通过计算进一步加深对作用中径的理解。

7.6.2　实验设备及测量内容

（1）大型工具显微镜的主要参数：长度测量刻度值0.01mm，纵向移动范围0～150mm，横向移动范围0～50mm，角度测量刻度值1′，转动范围0°～360°。

（2）小型工具显微镜的主要参数：长度测量刻度值0.01mm，纵向移动范围0～75mm，横向移动范围0～25mm，角度测量刻度值1′，转动范围0°～360°。

（3）应用工具显微镜测量4级精度的螺纹工件中径、螺距及牙型半角，用测量结果计算其作用中径。

7.6.3　实验步骤

（1）熟悉仪器的结构，如图7－6－1，熟悉测量原理和操作程序。

（2）根据被测螺纹的尺寸及精度，查表得中径、中径公差及基本偏差，并绘出公差带图。

（3）接通电源，检查光路系统，根据被测螺纹中径大小和牙型角，查表7－6－1，调整光圈值。转动目镜头，使视场中分划板上的刻线最清晰。

表7－6－1　　　　　　　　　光栏孔径（牙型角$\alpha = 60°$）

	螺纹中径d_2/mm	10	12	14	16	18	20	25	30
光栏孔径/mm	大型工具显微镜（JGX－2型）	11.9	11	10.4	10	9.5	9.3	8.6	8.1
	小型工具显微镜（JGX－1型）　　大型工具显微镜（德国）	9.6	9.0	8.6	8.2	7.9	7.6	7.1	6.7

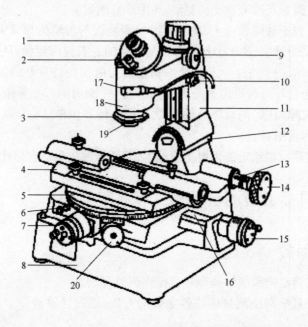

图 7 – 6 – 1 工具显微镜结构

1—中央目镜 2—角度读数目镜 3—微调焦环 4—顶针架 5—回转工作台
6—回转工作台紧固螺钉 7—横向测微器 8—底座 9—升降手轮 10—紧固螺钉
11—立柱 12—立柱转轴 13—立柱倾角刻度管 14—手轮 15—纵向测微器
16—量块 17—角度目镜照明器 18—悬臂 19—物镜 20—回转工作台手轮

(4)在顶针架上装好仪器附件调焦棒,松开紧固螺钉10,转动升降手轮9,使调焦棒中的刀刃清晰(调物镜焦距);转动纵向测微器15,使工作台纵向移动方向与调焦棒中刀刃一致(调基准),如图 7 – 6 – 2。

刀刃

图 7 – 6 – 2 工作台纵向移动方向与调焦棒中刀刃边缘一致

(5)顶针架上将调焦棒换成被测螺纹,转动手轮14,倾斜立柱与被测螺纹螺旋升角方向一致,角度 $\phi \arctan \dfrac{P}{\pi d_2}$(单头螺纹),其中 P 为螺距,d_2 为中径(或由螺纹外径查表 7 – 6 – 2),此时螺纹牙型清晰。

表7-6-2		立柱倾斜角（单头螺纹）								
螺纹外径 d/mm	10	12	14	16	18	20	22	24	27	30
螺距 P/mm	1.5	1.75	2	2	2.5	2.5	2.5	3	3	3.5
立柱倾斜角 Φ	3°01	2°56	2°52	2°29	2°47	2°27	2°13	2°27	2°10	2°17

（6）螺纹参数的测量

①外螺纹中径的测量。螺纹中径是指螺纹截成牙凸和牙凹宽度相等并和螺纹轴线同心的假想圆柱直径。对于单头螺纹，它的中径也等于在轴截面内，沿着与轴线垂直的方向量得的两个相对牙型侧面间的距离。

测量时如图7-6-3所示，先使目镜分划板中平分60°夹角的虚线与螺牙影像一个侧面重合（用压线法），且使其交叉点大致落在侧边中点上。如图中Ⅰ位置，记下横向测微器上的读数Ⅰ横（此时纵向测微器不动）；转动横向测微器，使另一侧对应牙边与分划板上的同一虚线重合，注意立柱倾斜方向的调整，保证牙型影像清晰，如图中Ⅱ位置，记下横向测微器读数Ⅱ横。此两次读数差｜Ⅱ横－Ⅰ横｜就等于此螺纹的中径。

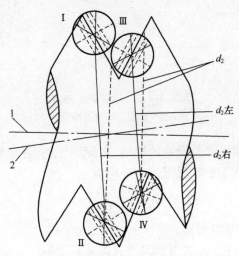

图7-6-3　螺纹中径的测量
1—螺纹轴线　2—测量轴线

由于被测螺纹存在安装误差，使螺纹轴线与工作台纵向导轨方向（测量轴线）不重合，即其轴线不能与横向导轨绝对垂直。为了消除这种安装误差对测量结果的影响，实际测量时，还应测出相邻的另一（方向）牙面上的中径（图中Ⅲ、Ⅳ位置），然后取其平均值，即

$$d'_2 = \frac{d_{2左} + d_{2右}}{2}$$

式中　$d_{2左} = |\text{II}_横 - \text{I}_横|$

　　　　$d_{2右} = |\text{III}_横 - \text{IV}_横|$

　　$\text{I}_横$、$\text{II}_横$、$\text{III}_横$、$\text{IV}_横$分别为图中 I、II、III、IV 四个位置的横向测微器上的读数。

　　②螺距 P 的测量。采用影像法测量如图 7 - 6 - 4 所示,先将目镜分划板上的平分 60°夹角的虚线与螺牙一侧边重合(压线法),且使其交叉点大致落在侧边中点上,如图 7 - 6 - 4 中 I 的位置,记下纵向测微器读数 $\text{I}_纵$(横向测微器不动);转动纵向测微器,使螺纹影像移动 n 个螺距后(n 可按螺纹旋入长度的不同取 3 ~ 6 牙),使另一牙的同侧边与分划板同一虚线重合,如图中 II 的位置,记下纵向测微器的读数 $\text{II}_纵$,这两次读数之差 $|\text{II}_纵 - \text{I}_纵|$,即为此螺纹 n 个牙(图中为 2 个牙)的螺距 P_n左。一般应测出螺纹副在任意旋合长度内最大的螺距累积误差 ΔP_n。

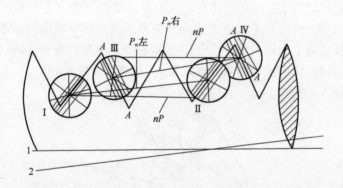

图 7 - 6 - 4　螺距 P 的测量

1—螺纹轴线　2—测量轴线

　　同理,为了消除螺纹安装误差的影响,实际测量时,还应测出相邻的另一(方向)牙面的螺距(III、IV)位置,然后取其平均值。

$$P_n = \frac{P_{n左} + P_{n右}}{2}$$

式中　P_n 为 n 个牙的实际螺距。

　　　　$P_{n左} = |\text{II}_纵 - \text{I}_纵|$,左牙面 n 个牙的实际螺距。

　　　　$P_{n右} = |\text{III}_纵 - \text{IV}_纵|$,右牙面 n 个牙的实际螺距。

　　$\text{I}_纵$、$\text{II}_纵$、$\text{III}_纵$、$\text{IV}_纵$分别为 I、II、III、IV 四个位置的纵向测微器读数值。

$$\Delta P_n = |P_n - nP|$$

式中,ΔP_n 为 n 个牙的螺距误差;P_n 为 n 个牙的实际螺距;nP 为 n 个牙的公称螺距。

　　③螺牙半角 $\frac{\alpha}{2}$ 的测量。用影像法测量牙型半角时,先使分划板上平分 60°夹角的虚线与被测牙型轮廓的一侧边重合,测量时可用间隙对线法,且使交叉点大致落

在侧边中点上,如图7-6-5中Ⅰ的位置,记下角度读数目镜中的角度读数$\frac{\alpha}{2}_{\text{Ⅰ}}$(即左半角);调节纵、横测微器及分划板,使螺牙另一侧边与上述分划板上的虚线重合,如图中Ⅱ的位置,记下角度读数$\frac{\alpha}{2}_{\text{Ⅱ}}$(即右半角)。测量时注意立柱倾斜方向的正确,保证牙型影像清晰。

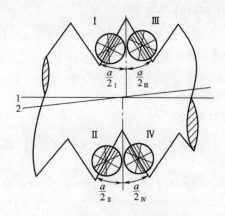

图7-6-5 螺牙半角的测量

1—螺纹轴线 2—测量轴线

同理,如果螺纹轴线与测量轴线不一致,则由同一螺旋面所形成的前、后边牙侧角会不相等,即$\frac{\alpha}{2}_{\text{Ⅰ}} \neq \frac{\alpha}{2}_{\text{Ⅳ}}$,$\frac{\alpha}{2}_{\text{Ⅱ}} \neq \frac{\alpha}{2}_{\text{Ⅲ}}$。

为了消除安装误差的影响,再测出另一边的左、右半角,如图中的Ⅲ、Ⅳ位置,右半角为$\frac{\alpha}{2}_{\text{Ⅲ}}$,左半角为$\frac{\alpha}{2}_{\text{Ⅳ}}$。

此螺纹的实际左、右半角应如下计算:

$$\frac{\alpha}{2}(\text{左}) = \frac{\frac{\alpha}{2}_{\text{Ⅰ}} + \frac{\alpha}{2}_{\text{Ⅳ}}}{2}(')$$

$$\frac{\alpha}{2}(\text{右}) = \frac{\frac{\alpha}{2}_{\text{Ⅱ}} + \frac{\alpha}{2}_{\text{Ⅲ}}}{2}(')$$

牙型半角偏差为将它们与牙型半角公称值$\frac{\alpha}{2}$比较,对公制螺纹$\frac{\alpha}{2} = 30°$。

$$\Delta \frac{\alpha}{2}(\text{左}) = \frac{\alpha}{2}(\text{左}) - \frac{\alpha}{2} = \frac{\alpha}{2}(\text{左}) - 30°(')$$

$$\Delta \frac{\alpha}{2}(\text{右}) = \frac{\alpha}{2}(\text{右}) - \frac{\alpha}{2} = \frac{\alpha}{2}(\text{右}) - 30°(')$$

(7)将测量结果记入实验报告,进行精度评定。由于螺纹的各单项差是综合影响螺纹旋入性的,所以将测量结果处理,计算出螺纹的作用中径,与标准规定的公差及偏差相比较,得出适用性结论。

(8)作用中径是指螺纹配合时实际起作用的中径,它是与作用尺寸相似的概念。当外螺纹有了螺距误差和牙型半角误差时,相当于外螺纹的中径增大了,这时它只能与一个中径较大的理想内螺纹旋合。这个假想内螺纹的中径叫作外螺纹的作用中径,用 d_{2m} 表示,它等于外螺纹的单一中径 d_{2s} 与螺距误差及牙型半角误差的中径当量之和,即作用中径计算公式为

$$d_{2m} = d_{2s} + (f_p + f_{\frac{\alpha}{2}})$$

其中,螺距误差中径当量计算公式为

$$f_p = 1.732\Delta P_n$$

式中　　ΔP_n——n 个牙螺距误差。

牙型半角中径当量计算公式为

$$f_{\frac{\alpha}{2}} = 0.073P\left(K_1\left|\Delta\frac{\alpha_1}{2}\right| + K_2\left|\Delta\frac{\alpha_2}{2}\right|\right)$$

式中系数 K_1、K_2 的数值分别取决于 $\Delta\frac{\alpha_1}{2}$、$\Delta\frac{\alpha_2}{2}$ 的正、负号。当 $\Delta\frac{\alpha_1}{2}$、$\Delta\frac{\alpha_2}{2}$ 为负时,相应的 K_1、K_2 取 3,当 $\Delta\frac{\alpha_1}{2}$、$\Delta\frac{\alpha_2}{2}$ 为正时,相应的 K_1、K_2 取 2。

对于普通螺纹来说,没有单独规定螺距及牙型半角的公差,只规定了一个中径公差。这个公差同时用来限制单一中径、螺距及牙型半角单个要素的误差。因此,中径公差是衡量螺纹互换性的主要指标。

判断螺纹合格性应遵循泰勒原则,即实际螺纹的作用中径不能超出最大实体牙型的中径,而实际螺纹上任何部位的单一中径不能超出最小实体牙型的中径。

对于外螺纹,作用中径不大于中径最大极限尺寸,单一中径不小于中径最小极限尺寸,即 $d_{2m} \leqslant d_{2max}$,且 $d_{2s} \geqslant d_{2min}$。

7.7　轮廓与表面形状测量实验

7.7.1　实验目的

(1)掌握轮廓与表面形状的测量方法。

(2)熟悉投影仪的工作原理。

7.7.2　实验设备及测量内容

(1)JT12AΦ300 数字式投影仪。

(2)投影屏。

(3)投影屏尺寸(mm)Φ300,投影屏旋转范围 0°~360°,选择角度显示当量

1′,旋转角度准确度6′。

（4）物镜：放大率误差为0.08%，其余参数见表7-7-1。

表7-7-1 物镜参数

放大倍数	10×	20×	50×	100×
物方线视场	Φ30mm	Φ15mm	Φ6mm	Φ3mm
物方工作距离	75mm	69mm	26mm	26mm

（5）工作台：台面尺寸340mm×152mm；X坐标行程0～150mm，显示当量0.001mm；Y坐标行程0～50mm，显示当量0.001mm；Z坐标行程0～80mm（调焦行程）；X、Y坐标示值准确度（4+40L）μm，其中L为测量长度，单位m。

（6）照明光源：透射照明12V 100W卤钨灯，反射照明24V 150W卤钨灯。

（7）测量内容：测绘样板的轮廓。

7.7.3 仪器及测量原理说明

本仪器能高效率地检测各种形状复杂工件的轮廓和表面形状，例如：样板、冲压件、凸轮、螺纹、齿轮、成形铣刀、丝锥等各种刀具、工具和零件。该仪器广泛地用于机械制造业、仪器仪表和钟表行业有关厂的计量室和车间。

投影仪的工作原理如图7-7-1所示，被测件Y置于工作台上，具有准确放大率的物镜O将被测件Y放大实像Y′于投影屏P上。可用普通玻璃尺直接测量Y′大小，也可与预先绘制好的标准放大图样比较测量，利用工作台上的数字显示系统也可以直接对Y进行测量。图中S1、S2分别为透射和反射照明光源，K1、K2为透射和反射聚光镜，两组照明可分别使用，也可同时使用，半透半反反光镜L仅在反射照明时使用。

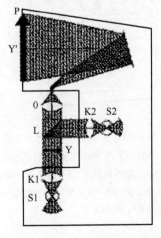

图7-7-1 投影仪工作原理图

　　仪器结构如图7-7-2所示,主要由投影箱、壳体和工作台三大部分组成,仪器的成像光学系统包括物镜、反光镜和投影屏全在投影箱里。仪器的数字显示屏装置在投影箱的右侧。仪器主壳体除用于支撑投影箱和工作台外,仪器的照明系统、电器控制系统、冷却装置和数显装置全在其内部。仪器的工作台可作纵、横向移动和垂直调焦,配备有光栅传感器,可作较高精度的直角坐标测量。投影屏可做360°旋转,通过摩擦轮机构带动光电轴角传感器旋转,实现角度计数。投影屏上刻有米字线,可作长度、角度测量的瞄准参考点(线)。移动纵、横向工作台,移动量可在数显箱上显示出来,手摇升降手轮10,可使工作台升降,进行粗细调焦。松开锁紧手轮4,转动旋转手轮3可使投影屏2作360°的正反旋转,旋转角度可在数显箱上显示出来。

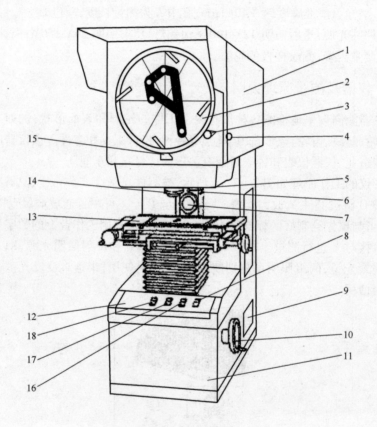

图7-7-2　投影仪整体结构图

1—投影箱　2—投影屏　3—旋转手轮　4—锁紧手轮　5—反射升降手柄　6—锁紧螺钉
7—反射聚光镜　8—反射照明开关　9—插座板　10—工作台升降手轮
11—壳体　12—控制面板　13—工作台　14—物镜　15—零位指示板
16—透射照明强弱光转换开关　17—透射照明开关　18—电源开关

7.7.4　测量方法

测量前应先检查仪器各部分位置的正确性,将被测件清洗干净,选好物镜照明方式,打开照明开关,即可进行测量。

(1)用"标准图样"比较测量　利用预先绘制好的标准放大图与工件影像比较,其差异就是工件的误差,此法是最常用的,可一次对工件诸参数进行综合测量,测量迅速准确,其步骤如下:

①根据工件的大小和形状复杂程度,选择适当的放大率的物镜,并按图纸参数乘放大率绘制"标准图样",然后把"标准图样"用弹性压板固定在投影屏上。

②把工件置于工作台上,升降工作台,使工件在投影屏上清晰成像。

③移动工作台和旋转投影屏,或移动"标准图样",使投影屏上的工件影像与"标准图样"重合。如有偏差,可用普通玻璃尺直接测量偏差量,也可以利用工作台的纵横向读数装置进行测量,其偏差值可在数显箱上直接显示出来。

此外还可以在"标准图样"上绘出最大、最小极限公差带,工件是否合格一目了然。

(2)利用工作台纵、横向读数系统进行测量　将工件被测尺寸调整到与工作台移动方向平行,移动工作台,使投影屏上的十字线对准工件被测尺寸一端,X 或 Y 置零,然后移动工作台,十字线对准工件被测尺寸另一端,这时 X 或 Y 的值即为被测长度的实际值。

(3)用普通玻璃尺直接在投影屏上测量尺寸　用普通玻璃尺直接测量工件被放大后的影像尺寸除以所用物镜的放大倍数,即为工件的实际尺寸。

(4)利用投影屏旋转测量角度　先松开手轮4,旋转投影屏2使其上刻线与零位指示板15的刻线对齐,此时投影屏十字线与工作台 X、Y 坐标相平行。将工件放在工作台适当部位,转动投影屏,使其上的十字线之一与被测角的一边重合,数显箱角度清零;然后再转动投影屏并移动工作台,使其十字线与被测角的另一边重合。这时数显箱上的角度显示值即为工件的实际角度。投影屏上刻有 30°、60°、90°刻线,对于这些特殊角,可直接进行比较。此方法最为简单、方便和常用。

7.8　平面机构运动简图测绘实验

7.8.1　预习要求

(1)认真阅读本实验内容和《机械原理》课本上有关机构运动简图测绘的相关内容。

(2)准备好三角尺、圆规、铅笔、橡皮擦和草稿纸等。

(3)完成实验报告书上的预习报告。

7.8.2　实验目的

由于实际的机构往往都具有很复杂的外形和结构,为了便于对机构进行分析,通常先从实际的机构中绘出能反映出机构的运动特性和组织情况的机构运动简图,再根据它进行机构的结构分析、运动分析和动力分析。

(1)初步掌握根据机构模型绘制机构运动简图的原则,方法和技巧。

(2)通过实验对不同机构的比较,加深对机构结构分析的了解。

(3)掌握机构自由度的计算方法。

(4)提高对实际机构的感性认识。

7.8.3　实验设备和工具

(1)机构运动简图测绘模型。

(2)自备三角尺、圆规、铅笔、橡皮擦和草稿纸等。

7.8.4　实验原理

机构运动简图是工程上常用的一种图形,是用简单的线条和规定的符号代表构件和运动副,并按比例定出各运动副的位置,表示机构的组成和传动情况的简明图形。

机构的运动仅与机构所具有的构件数目和构件所组成的运动副的数目、类型、相对位置有关。因此在绘制机构运动简图时,一般不考虑构件的复杂外形,运动副的具体构造,而用简单的线条和规定的符号(参看课本常用机构构件、运动副的代表符号)来代表构件和运动副,并按一定的比例尺表示各运动副的相对位置,画出能准确表达机构运动特性的机构运动简图。

绘制机构运动简图要遵循正确,简单,清晰的原则。

机构运动简图必定与原机构具有完全相同的运动特性,因此可以根据机构运动简图对机构进行运动分析及动力分析。

7.8.5　实验方法和步骤

(1)选好模型后,了解所测绘的机构模型的名称,用途和结构,然后缓慢地转动被测的机构模型,仔细观察机构的运动情况。

(2)从原动件开始观察机构的运动,认清机架、原动件和从动件,记录下活动构件的数目。

(3)根据运动传递的顺序,仔细分析相互连接两构件间的接触方式及相对运动形式,确定组成机构的构件数目及运动副类型和数目。

(4)合理选择投影,一般选择能够表达机构中多数构件运动的平面为投影面,必要时也可以就机构的不同部分选择两个或两个以上的投影面,然后展开到同一平面上。

(5)绘制机构示意图。首先将原动件固定在适当的位置(尽量避开构件之间重合),大致定出各运动副之间的相对位置,用规定的符号画出各运动副,并用线条将同一构件上的运动副连接起来,然后用数字 1、2、3…标注相应的构件和用大写字母 A、B、C……标注各运动副,并用箭头标注原动件的运动方向和运动形式。

(6)量出机构对应运动副间的尺寸,选择合适的比例尺 u_1 后再将机构示意图按比例画入实验报告中。

$$u_1 = \frac{机构中的实际尺寸}{图示尺寸}$$

(7)计算机构自由度,并与实际机构对照,观察原动件数与自由度是否相等;自由度计算公式:

$$F = 3n - 2P_L - P_H$$

式中　F——机构中的自由度数目

　　　n——机构中的活动构件数目

　　　P_L——机构中的低副数目

　　　P_H——机构中的高副数目

7.8.6　实验要求

(1)每位同学必须独立完成 4 个机构模型的机构运动简图的测绘。

(2)所绘的机构运动简图必须按规定的符号(可以参考机构简图符号的相关标准)利用作图工具进行绘制,不能徒手画图。

(3)对所绘制的机构运动简图进行结构分析。其中包括标注出机构运动简图中的局部自由度,复合铰链和虚约束;计算机构自由度。

7.9　回转构件动平衡实验

7.9.1　实验目的

机械平衡的目的就是设法将构件的不平衡惯性力加以平衡以消除或减少其不良影响。机械的平衡是现代机械尤其是高速机械及精密机械中的一个重要问题。

(1)巩固并加深理解回转构件动平衡的相关理论知识。

(2)了解动平衡机的组成与工作原理。

(3)掌握刚性回转构件动平衡的平衡校正方法。

7.9.2　实验设备

(1)CYYQ – 5TNB 硬支承平衡机。

(2)平衡转子、橡皮泥。

7.9.3 实验原理

7.9.3.1 动平衡原理

质量分布不在同一回转面内的刚性回转构件,它的不平衡效应可以认为是在两个任选回转面内、由向量半径分别为 r'_0 和 r''_0 的两个不平衡质量 m'_0 和 m''_0 产生的。因此,只需针对 m'_0 和 m''_0 进行平衡就可以达到回转构件动平衡的目的。本次实验就是使用动平衡机来分别测定所选两个平衡校正面内相应的不平衡质径积 $m'_0 r'_0$ 和 $m''_0 r''_0$ 的大小和相位,并加以校正,最后达到所要求的动平衡。

平衡精度计算公式:

$$A = [e]\omega$$

式中　A——许用不平衡精度等级(mm/s)

　　$[e]$——最大许用不平衡量(mm)

　　　ω——转子转动的角速度,$\omega = 2\pi n/60$(rad/s)

　其中 n——工件的工作转速(r/min)

　　又　　　　　　　　$[e] = [mr]/M$

式中　m——配重质量(g)

　　　r——配重半径(mm)

　　　M——工件质量(g)

7.9.3.2 平衡机结构原理

动平衡机由机座、左右支承架、平皮带传动装置、光电检测器支架、摆动传感器、计算机检测系统等部件组成,如图 7-9-1 所示。

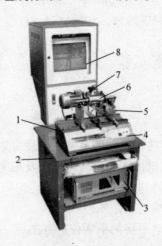

图 7-9-1　动平衡机结构

1—机座　2—底座　3—工控机　4—控制面板
5—摆架　6—刚性转子　7—光电头　8—显示器

各主要部件的结构如下：

（1）左右支承架。支承架是本机的重要部件，在左右支承架上各装有 V 形支承块。松开紧定螺钉，旋转升降螺钉，可以调节 V 形支承块的高低，调节好之后必须把紧定螺钉紧定。左右摆架若需移动时，可将左右摆架紧固螺钉松开，左右摆架即可在机座上左右移动，当左右摆架位置确定以后，应将紧固螺钉拧紧。

（2）传动系统。传动系统安装在机座上，由电动机带动传动轮转动，转动手轮，可以调节传动架的上下位置，转子转动使用内切圆传动。本机在出厂时电动机的转向是按内切圆的方向（试件按顺时针方向旋转）接线的。

7.9.3.3 动平衡机电测原理

当试件在 V 形支承块上高速旋转时，由于试件存在偏重，而产生离心力，V 形支承块的水平方向受到该离心力的周期作用，通过支承块传递到支承架上，使支承架的立柱发生周期性摆动，使安装在摆架上的摆动传感器产生磁电电动势，其频率为试件的旋转频率；其电动势是按余弦规律变化的。

该电动势输入计算机测量系统进行测量，它由阻抗隔离器、选频放大器、放大整流滤波器、锁相脉冲发生器、相位处理器、光电检测电路和直流稳压电源等构成的信号处理电路和计算机系统组成。

7.9.4 实验方法和步骤

7.9.4.1 平衡校测的准备工作

（1）把机座的电缆分别连接到计算机主机箱后板的插座上，传感线连接到机座的右传感器上，检查无误后，再把计算机和机器的电源插头插到 220V50Hz 的交流电源上，为防止触电事故和避免电磁波干扰，机座和计算机必须接地。

（2）按下计算机主机的电源开关，"POWER"指示灯点亮，仪器预热 5～10min。

（3）计算机启动后，自动打开动平衡机测试系统程序。

（4）鼠标指向界面左下角主菜单按键，调出主菜单，选择进入调试界面进行调试。

（5）鼠标指向参数设置，指向支承方式窗口，选择对应的支承方式，选择去重。

（6）鼠标指向命令窗口，选择按键，屏幕显示一个参数表窗口，可以在表中选定某种型号的电机，再选择确定按键，则该型号电机的测量参数自动填入对应的参数窗口；也可以用鼠标指向对应的参数窗口，填入相应的参数。

（7）把被测工件放在传动轴上，将被测工件固定。

（8）鼠标指向机器调零，鼠标指向命令窗口，按"启"按键，并启动电机使校测工件转动，旋转"转速调节"电位器定好校测工件的转速，虚拟瓦特表上显示两个校正平面的不平衡矢量，左右校正平面窗口分别显示左右测量点的不平衡量和所在位置，r/min 数字窗显示旋转零件的转速。

7.9.4.2 机器调零

为保证机器的测试精确度，在校测工件之前必须先进入调试界面对机器进行调零和标定。

调零:是为了消除机器或夹具残余不平衡量对工件测试的影响。

请按以下步骤对机器进行无夹具调零。

(1)按参数设置,按"还原"按键,选定对应支撑形式,选择待测工件的型号数据,对好光电头,装上测试工件,按"启"按键,启动机器,定好工件转速。

(2)按机器调零,拨动"调零/工作"开关至"调零"位置,启动机器,待自动停止后按一下"调零"按键。

(3)再启动机器,待自动停止后按一下"确定"按键,调零步骤完成。

(4)再启动一次机器,自动停止后其左右不平衡量应为0或接近0。

(5)拨动"调零/工作"开关至"工作"位置。

7.9.4.3　机器标定

标定是为了调试机器的精确度。　每测一种工件之前必须对机器进行一次标定,双面测量标定步骤如下:

(1)松开左右支承架的固定螺钉,根据工件的长短拉好左右支承架的距离,将工件放上支承架,把固定螺钉拧紧,再根据工件或夹具的半径调节传动带的高低,调节后传动带要保持水平。

(2)按机器标定,按"启"按键,将(开/关)旋钮开关打到"开"的位置,(常开/自动)旋钮开关打到"常开"的位置,电动机拖动工件转动,待工件旋转匀速后,将(常开/自动)旋钮开关拨到"自动"的位置,机器会停下来。

(3)按"去重"按键,使旁边红色箭头指向去重状态。

(4)将一已知重量加重块的重量分别输入到 A、B 窗口内,然后将此加重块放到工件左测量平面自定 0 度位置上,按"启动"按钮,机器转动数秒后停下来,用鼠标按一下"左试重"按键,取下左面加重块,把它放到工件右测量平面自定 0 度位置上,按"启动"按钮,机器转动数秒后停下来,用鼠标按一下"右试重"按键,取下右面加重块,在左右都没有加重时按"启动"按钮,机器转动数秒后停下来,用鼠标按一下"零试重"按键,最后用鼠标按一下"标定"按键,机器完成标定。

(5)如图 7−9−2 所示,机器正确标定后,1 窗口显示值应与 A,B 窗口数值相同,2 窗口应显示 0 或 360,而 3 窗口显示值是 1 窗口显示值的 1/10 以下为佳,按完成返回测试界面,如若不是则须检查原因后再次进行标定。

(6)机器完成标定后,为避免在正常工作中再重复标定,标定按键会隐藏起来。如果机器要重新标定,只要按(4)项重新操作,标定按键就会显示出来。

(7)机器完成标定后,不改变条件,相同的工件便可进行动平衡测试。

(8)有以下条件之一改变,机器须再次进行标定:

①光电头移位;

②工件转速改变;

③左右支承架位移;

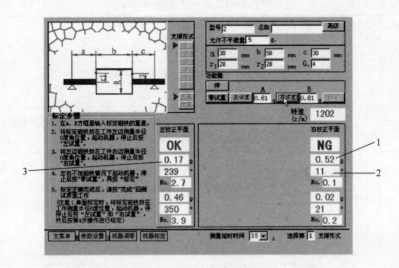

图 7 - 9 - 2 标定界面图

④校测不同工件。

为了保证测量准确,建议每天进行一次调零和标定。若在调零和标定过程中不按正确步骤操作而出现重大错误,机器将呈失常状态,此时可按"还原"按键,在对话框中按指示操作,再重新进行调零和标定。

7.9.4.4 工件平衡

(1)根据工件的配重要求按"去重"或"加重"按键;

(2)选定对应支承形式,把工件放到专用夹具上,按"启动"按钮,机器运转,机座旁有(常开/自动)旋钮,当选择(自动)挡时,机器运行几秒后会自动停止,同时锁定各项数据,此时的各项数据就是测量的所需数据。如果不选择自动停机,打"常开"挡,机器就不会停下来,当上述窗口显示的数值基本不跳动时,鼠标指向命令窗口,选择启/停按钮,则上述窗口显示的数值也会被锁定。

(3)按照上述窗口显示的数值,在两校正平面上的对应相位按配重要求配重,当每次按"启动"按钮时,上一次的测量数据会保存下来。

(4)重复(2)、(3)项,直到校测工件达到动平衡要求为止。工件在接近完全平衡时,其相角指示不太稳定,可以认为平衡已经完成,若凭试凑法亦可继续平衡,此时所得的平衡精度将比本机的标定值更高。

(5)在平衡配重过程中,如果左面或右面数值大于所定的允许不平衡量时,左面或右面会显示"NG",表示平衡未达到要求,如果左面或右面数值小于所定的允许不平衡量时,左面或右面会显示"OK",表示平衡已达到要求。

各种典型刚性转子平衡精度等级见表 7 - 9 - 1。

表 7 – 9 – 1 　　　　　　　　　　　各种典型刚性转子平衡精度等级

精度等级	$e\omega/(\text{mm/s})$	转子类型
G0.4	0.4	精密磨床的主轴、陀螺仪、磨轮及精密电机转子
G1	1	磁带录音机及电唱机驱动件；磨床传动装置 特殊要求的小型电机转子
G2.5	2.5	燃气和蒸汽蜗轮、主蜗轮、小电机转子透平压气机；机床驱动件；特殊要求的大中型电机转子、蜗轮泵、小型电机转子
G6.3	6.3	工厂的机器零件；蜗轮的齿轮；离心机的鼓轮、水轮泵；风扇；飞轮、泵的叶轮；普通的电机转子
G16	16	农业机械的零件；汽车、货车、发动机的单个零件 特殊要求的六缸、多缸发动机的曲轴驱动件 特殊要求的驱动轴、螺旋桨、粉碎机的零件
G40	40	车轮、轮 箍、四冲程汽、柴油机的曲轴驱动件 汽车、货车和机车发动机的曲轴驱动件

7.10　机械系统动力学调速实验

7.10.1　实验目的

机械运转的速度波动对机械的工作是不利的,它不仅会影响机械的工作质量,也会影响到机械的效率和寿命,所以必须设法加以控制和调节,将其限制在许可范围之内。

(1)观察机械的周期性速度波动现象,并掌握利用飞轮进行速度波动调节的原理和方法;

(2)通过将实验结果与理论数据的比较,分析误差产生的原因,增强工程意识,树立正确的设计理念。

7.10.2　实验设备

实验中所用到的实验设备是机械系统动力学调速实验台,其基本参数如下:

曲柄 $l_{AB} = 50\text{mm}$;连杆 $l_{BC} = 180\text{mm}$;电机转速 $n_1 = 1500\text{r/min}$;

已知生产阻力为拉伸弹簧,其拉伸阻力为:

拉伸长度 $L = 5\text{mm}$,$F = 0\text{kg}$;$L = 10\text{mm}$,$F = 5\text{kg}$;$L = 15\text{mm}$,$F = 15\text{kg}$。

被测机构为曲柄滑块机构,如图 7 – 10 – 1 所示。

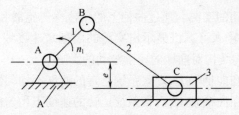

图 7 – 10 – 1　机械系统动力学调速实验台的被测机构参数

7.10.3　实验原理和方法

作用在机械上的驱动力矩和阻抗力矩是主动件转角 φ 的周期性函数,且在等效驱动力矩和等效力矩及等效转动惯量变化的公共周期内,驱动功等于阻抗功时,在稳定运转期间主动件的速度(角速度)波动亦按周期性波动,其运转不均匀程度,用运转速度不均匀系数 δ 表示,大小为:

$$\delta = \frac{\omega_{\max} - \omega_{\min}}{\omega_m}$$

式中　$\omega_{\max}$——周期中最大角速度

　　　$\omega_{\min}$——周期中最小角速度

　　　ω_m——平均角速度,$\omega_m = \dfrac{\omega_{\max} + \omega_{\min}}{2}$

机械运转周期性速度波动的调节,其目的就在于减少速度波动使其达到机器工作所允许的程度;或者说,减小机器运转速度不均匀系数 δ,使其不超过许用值 $[\delta]$。

周期性速度波动的调节方法,是在机器中安装一个具有很大转动惯量的构件即飞轮,其调速原理简述如下:

在一个周期中最大动能 $E_{\max}$ 与最小动能 $E_{\min}$ 之差称为最大盈亏功,以 $[W]$ 表示,即

$$[W] = E_{\max} - E_{\min} = \frac{(J_0 + J_F)(\omega_{\max}^2 + \omega_{\min}^2)}{2}$$

式中　J_0——忽略等效转动中的变量部分后机械的等效转动惯量

　　　J_F——飞轮等效转动惯量

$$\delta = \frac{[W]}{\omega_m^2(J_0 + J_F)}$$

当机器的等效力矩已给的情况下,最大盈亏功是一个确定值,由上式可知欲减小 $\omega_{\max} - \omega_{\min}$ 值,可增大等效转动惯量 J_0 或增大 ω_m,机器制作后 J_0 是一个确定值,故在机器中外加一个转动惯量为 J_F 的飞轮即可减少 $\omega_{\max} - \omega_{\min}$,达到调速的目的。

7.10.4　实验内容

(1)曲柄的真实运动仿真　通过数模计算得出的真实运动规律,作出角速度线图;进行速度波动调节计算,分析飞轮转动惯量的影响。

（2）曲柄真实运动的实测　通过曲柄上的角位移传感器和 A/D 转换器来进行采集、转换和处理，并输入计算机显示出实测的曲柄角速度线图；与理论角速度线图分析比较，了解机构结构对曲柄的速度波动的影响。

（3）将大飞轮装在曲柄轴上，观察系统运转的速度不均匀性。

（4）将小飞轮装在曲柄轴上，观察系统运转的速度不均匀性。

（5）不装飞轮，观察系统运转的速度不均匀性，前后比较。

7.10.5　实验步骤

表 7 - 10 - 1 列出了常用机械运转速度不均匀系数的许用值。

表 7 - 10 - 1　　　　　常用机械运转速度不均匀系数的许用值

机械的名称	[δ]	机械的名称	[δ]
碎石机	1/5 ~ 1/20	水泵、鼓风机	1/30 ~ 1/50
冲床、剪床	1/7 ~ 1/10	造纸机、织布机	1/40 ~ 1/50
轧压机	1/10 ~ 1/25	纺纱机	1/60 ~ 1/100
汽车、拖拉机	1/20 ~ 1/60	直流发电机	1/100 ~ 1/200
金属切削机床	1/30 ~ 1/40	交流发电机	1/200 ~ 1/300

（1）打开计算机，单击"速度波动调节"图标，进入速度波动调节实验台软件系统的界面。单击左键，进入曲柄滑块机构速度波动调节界面。

（2）启动实验台的电动机，待曲柄滑块机构运转平稳后，测定电动机的功率，填入速度波动调节界面的对应参数框内。

（3）根据曲柄轴上安装飞轮情况；无飞轮、小飞轮、大飞轮，在"实验序号"数据框内分别填入 0、1、2.。

（4）单击"速度实测"键，进行数据采集和传输，显示曲柄实测的角速度曲线图。

（5）单击"速度仿真"键，显示曲柄动态的角速度曲线图。

（6）在曲柄上加上大飞轮进行测试。

（7）将大飞轮卸下，加上小飞轮进行测试。

（8）不加飞轮测试。

（9）如果实验结束，单击"退出"，返回 Windows 界面。

7.10.6　问题讨论

（1）分析大飞轮与小飞轮调速对传动平稳性的影响，哪一种好？ 为什么？

（2）飞轮调速的方法适用于哪类机械？

（3）平均转速提高后，速度不均匀系数怎样变化？

7.11 齿轮参数测量实验

7.11.1 实验目的

在生产中,为修配齿轮,必须对原有齿轮进行测绘,确定其基本参数。这些基本参数可以通过利用游标卡尺、公法线千分尺测量得到的数据再根据渐开线直齿圆柱齿轮几何尺寸的公式计算出来。

(1)加深理解渐开线的性质、方程及渐开线直齿圆柱齿轮基本参数与几何尺寸间的关系。

(2)掌握使用游标卡尺、公法线千分尺和齿轮卡尺测定渐开线直齿圆柱齿轮几何参数的方法。

(3)掌握渐开线标准直齿圆柱齿轮与变位齿轮的判别方法。

(4)通过该测量实验,加深对渐开线齿轮参数相互关系及啮合原理的理解。

7.11.2 实验设备和工具

(1)渐开线齿轮测定及啮合传动实验仪。

(2)自备常用绘图工具、草稿纸、计算器。

7.11.3 实验原理

决定渐开线齿轮几何尺寸的是其基本参数:齿数 z、模数 m、压力角 α、齿顶高系数 h_a^*、顶隙系数 c^* 和变位系数 x 等。其中模数 m、压力角 α、齿顶高系数 h_a^*、顶隙系数 c^* 为国家标准中规定的标准值。

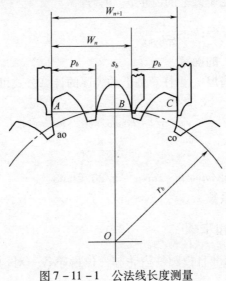

图 7 – 11 – 1 公法线长度测量

7.11.3.1 模数 m 的确定

由渐开线性质可知:同一基圆上任意两条渐开线(不论是同向的还是反向的)沿公法线 的对应点之间的距离处处相等。如图 7 - 11 - 1 中的 AC 与所对的基圆上的圆弧 a_0c_0 长度相等,因此用公法线千分尺卡住 n 个齿时的公法线长度 W_n 为:

$$W_n = (n-1)p_b + s_b$$

式中 p_b——轮齿在基圆上的齿距,即基节;单位:mm

s_b——轮齿在基圆上的齿厚。单位:mm

7.11.3.2 跨齿数 n 的确定

根据齿轮的齿数,跨齿数 n 可以查表 7 - 11 - 1。

表 7 - 11 - 1 跨齿数

齿数 z	12 ~ 18	19 ~ 26	27 ~ 36	37 ~ 45	46 ~ 54	55 ~ 63	64 ~ 72	73 ~ 81
跨齿数 n	2	3	4	5	6	7	8	9

也可由下式计算获得

$$n = \alpha z/180° + 1/2 - 2x\tan\alpha/m$$

计算时因变位系数 x 未知,可先估计一值代入进行计算,注意跨测齿数 n 一定是个正整数,确定后再代入公式计算公法线长度 W_n。

当公法线千分尺卡住 $(n+1)$ 个齿时,公法线长度 W_{n+1} 为:

$$W_{n+1} = np_b + s_b$$
$$W_n = (n-1)p_b + s_b$$
$$W_{(n+1)} - W_n = p_b$$

两式相减后得到:

$$W_{n+1} - W_n = p_b$$

所以可以得到齿轮基圆上的齿距 p_b 和齿厚 s_b。

由 $p_b = \pi m\cos\alpha$,可得:$m = \dfrac{p_b}{\pi\cos\alpha}$

7.11.3.3 变位系数 x 的确定

轮齿在基圆上的齿厚 s_b 由任意圆上的齿厚的计算公式可得到

$$s_b = r_b(s/r + 2\text{inv}\alpha) = s\cos\alpha + 2r_b\text{inv}\alpha$$
$$= m(\pi/2 + 2x\tan\alpha)\cos\alpha + mz\cos\alpha\text{inv}\alpha$$

$$h_a^* = \frac{d_a - d}{2m} - x$$

则变位系数 $x = (s_b/m\cos\alpha - z\text{inv}\alpha - \pi/2)/2\tan\alpha$

于是可得到变位系数 x_1、x_2。

7.11.4 实验方法和步骤

(1)选择渐开线标准直齿圆柱齿轮和变位齿轮各一对,其中至少一个齿轮的齿数为奇数；

（2）数出齿轮齿数 z

（3）测量公法线长度 W_n、W_{n+1}

①选定跨测齿数 n。

②查表或计算。计算时，压力角 α 取 $20°$（或 $15°$）然后圆整成正整数。

③测量公法线长度时必须使公法线千分尺的两个卡脚与轮齿的渐开线齿廓相切，且使切点位于轮齿的中部附近，因为对于标准齿轮是按切点正好位于分度圆上的情况导出跨齿数公式的。

④对于跨测齿数 n，如果跨测齿数过多，则卡脚可能与轮齿的顶点形成不相切的接触；如果跨测齿数太少，则卡脚尖点可能与轮齿齿根部非渐开线部分接触，这两种情况测得的数据都是不正确的。

（4）测量齿轮的齿顶圆和齿根圆直径 d_a、d_f。

①当齿轮的齿数为偶数时，可用游标卡尺直接测出，如图 $7-11-2$。

②当齿轮的齿数为奇数时，可用游标卡尺分别测出齿轮的轴孔直径 d、孔壁到某一齿顶的距离 H_1 和齿顶到某一齿根的距离 H_2，如图 $7-11-3$，于是

$$d_a = d + 2H_1$$
$$d_f = 2H_2 - 2H_1 - d$$

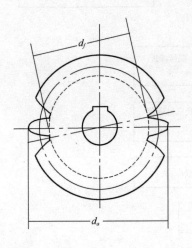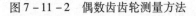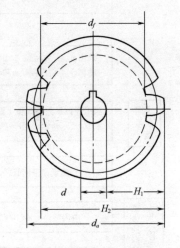

图 $7-11-2$　偶数齿齿轮测量方法　　　　图 $7-11-3$　奇数齿齿轮测量方法

（5）据所测齿轮参数确定齿轮的基本参数

①齿轮模数 m、压力角 α，通过测量尺寸 a'、d_a、d_f、s_b 验证 m、α 并取标准值。

②齿顶高系数 h_a^*、顶隙系数 c^* 如表 $7-11-2$ 所示，由测量尺寸 d_a、d_f 确定 h_a^*、c^* 并取标准值。

③计算齿轮几何尺寸。

本实验的操作流程见图 7 - 11 - 4。

表 7 - 11 - 2　　　　　　　　　齿顶高和顶隙系数表

齿轮类别	齿顶高系数 h_a^*	顶隙系数 c^*
正常齿	1	0.25
短齿	0.8	0.3

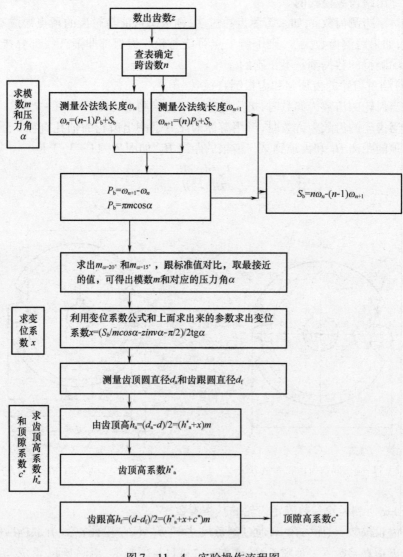

图 7 - 11 - 4　实验操作流程图

7.12 单个螺栓联接动静态综合实验

7.12.1 预习要求

(1)认真阅读本实验指导书,查阅机械设计课程相关资料。

(2)完成实验预习报告,包括以下内容:

①简述螺栓联接系统中螺栓与被联接件在受轴向载荷的情况下,螺栓拉力、被联接件压力与变形之间的关系,要求画出螺栓、被联接件的受力与变形曲线图。

②列举能有效提高螺栓联接强度的一些措施。

7.12.2 实验目的

(1)试验观察螺栓联接受载荷时,螺栓及被联接体的受力情况与变形规律。

(2)绘制单个螺栓联接的受力与变形曲线图。

(3)掌握测量仪器如数字电阻应变仪的应用。

7.12.3 实验设备及仪器

本实验在 JLS – B 单个螺栓联接动静态综合实验台上进行,配套有数字电阻应变仪、计算机及相应的测试软件。

7.12.3.1 主要的实验参数

(1)应变片:$R = 120\Omega$,灵敏度系数:$k = 2.08 \pm 1\%$。

(2)实验螺栓规格:M16。

(3)实验螺栓的材料弹性模量:206000 N/mm^2。

7.12.3.2 JLS – B 单个螺栓联接的动静态综合实验台的结构及工作原理

JLS – B 单个螺栓联接动静态综合实验台的结构与工作原理,如图 7 – 12 – 1 所示。

联接部分由 M16 螺栓(22)、螺母(18)、垫圈(19)组成。M16 螺栓为空心螺栓,螺栓贴有测拉力和扭矩的两组应变片,分别测量螺栓在拧紧时所受预紧拉力和扭矩。螺栓的内孔中装有小螺杆(25),拧紧或者松开其上的小螺母,即可改变螺栓的实际受载截面积,以达到改变联接刚度的目的。垫片组由刚性和弹性两种垫片组成。

被联接件由上板(20)、下板(11)和八角环(13)组成,八角环上贴有应变片组,测量被联接件受力的大小,中部有锥形孔,插入或拔出锥塞(12)可以改变被联接件系统的刚度。

加载部分由蜗杆(5)、偏心凸轮(6)、蜗轮(7)、挺杆(10)和弹簧(23)组成,挺杆上贴有应变片,测量所加工作载荷的大小,蜗轮轴上装有一个凸轮,挺杆支座通过凸轮滚子靠在凸轮的上顶面;蜗杆一端与电机相联,另一端装有手轮,启动电机或转动手轮使凸轮旋转,凸轮旋转一周,带动挺杆上、下运动一次,以达到加载、卸载的目的。

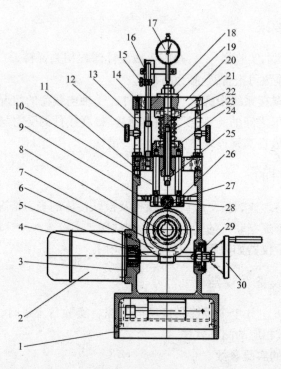

图 7 - 12 - 1　螺栓联接实验台的结构

1—箱体　2—电机　3—衬套　4—轴承　5—蜗杆　6—偏心凸轮　7—蜗轮　8—传动轴

9—盖板　10—挺杆　11—下联接板　12—锥塞　13—八角环　14—表夹杆

15—夹紧螺钉　16—表夹　17—千分表　18—M16 螺母　19—垫圈　20—上接板

21—上支座　22—螺栓　23—弹簧　24—下支座　25—小螺杆(刚度调节)

26—挺杆支座　27—小轴承　28—小销轴　29—端盖　30—手轮

7.12.3.3　数字电阻应变仪

(1)工作原理　电阻应变仪是利用金属材料的特性,将非电量的变化转换成电量变化的测量仪器,应变测量的转换元件——应变片,是用极细的金属电阻丝绕成或用金属箔片印刷腐蚀而成,用粘贴剂将应变片牢固地贴在试件上,当被测试件受到外力作用长度发生变化时,粘贴在试件上的应变片的金属丝长度也相应变化,应变片的电阻值也随着发生了 ΔR 的变化,这样就把机械量的变形转换成电量输出。测出电阻值的变化 $\Delta R/R$,就可以换算出相应的应变值 $\mu\varepsilon$,经过放大整理后变成数字输出,在应变仪上直接读取,故称为数字电阻应变仪。机械量转换成电量的关系,也就是电阻应变片的"应变效应",用电阻应变的"灵敏度系数"来表示。

(2)操作说明　图 7 - 12 - 2 所示,为数字电阻应变仪的操作面板,其主要功

能有:

左窗口:"通道"显示,在按"上翻"或"下翻"时显示被测通道的序号。

右窗口:"数据"显示,对应所选通道的当前数据。

上翻、下翻键:切换显示 1~4 通道。

清零键:螺栓预紧前须在通道 1~4 当前值置为零以保证电桥平衡,一般在实验前需要清零一次,以减少测量误差。

锁定键:在通道为 1~4 时将当前各通道数据锁定不变,以便观察和记录,在锁定状态时通道最左边一位显示"L"。

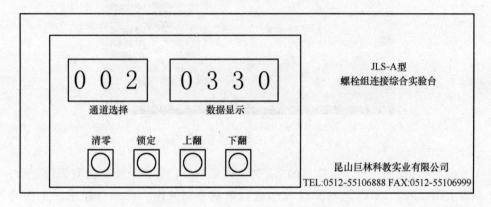

图 7-12-2 数字电阻应变仪面板

7.12.3.4 电脑软件

(1)软件界面 打开电脑,双击"螺栓实验台"直接进入螺栓实验界面,可以进行螺栓静态和动态的测试,系统上称为"螺栓动态 I"和"螺栓动态 II"。螺栓实验界面由图形显示区、采集区、参数设定区、工具栏组成。

如图 7-12-3 所示,为螺栓的静态测试(系统上称为"螺栓动态 I")界面。点击工具栏的"实验内容",选取"螺栓动态 I"。界面的功能如下。

①"参数设定"区:在界面的右上角,有 7 个实验参数。需要输入螺栓的直径、长度和弹性模量。其中螺栓的直径、长度及弹性模量由实验螺栓决定;其余四个标定值由系统的结构性能决定,要求生产厂家在出厂前测试标定,提供给用户。

②"操作"区:操作区在界面的右下方,用于数据处理。

"采集"建立与应变仪的通信;

"采点"将当前数据记录下来;

"清空"对前面所有记录的数据清零;

"置零"通过电脑对应变仪的所有通道清零;

"画理论图"将"采点"的所有点的数据进行处理,并拟合成一条光滑的曲线;

"打印",将界面上的数据和曲线输出到文件或打印机。

③图形显示区:图形显示 $F-\lambda$ 应力变化情况,在界面的左边。

④数据显示区:在界面的右中部,可以读取应变测量值和计算结果。

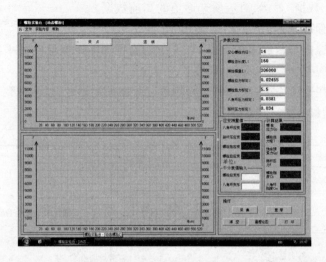

图 7 – 12 – 3 "螺栓动态 I"界面

(2)软件操作 点击操作区的"清空""采集",等待界面上所有的数据稳定后,点击上图形区上"采点",对实验数据进行电脑采集数据。在图形显示区上部的 $F-\lambda$ 区间,会显示一红一蓝两个点;其中红色点代表螺栓所受的拉应力,蓝色代表八角环所受的压应力,从点的横坐标可以初步估计它们的应变量。根据力的平衡条件,这两个力的大小应该是基本相等的,由于测量存在的误差及其他的一些因素,往往结果不一致,在图上看出它们不在一条水平线上。系统为方便调试,将八角环的压应变作为参考值,调整螺栓的拉应变标定值,来实现其测量值与八角环的压应力值一致。

采点完成后,点击"画理论图",则在界面下部分图中显示出 $F-\lambda$ 应力变化曲线,红色代表螺栓拉应力的 $F-\lambda$ 曲线,蓝色代表八角环压应力的 $F-\lambda$ 曲线。

7.12.4 实验内容及步骤

7.12.4.1 螺栓联接的静态实验

(1)实验准备 取出八角环上两锥塞,转动手轮,使挺杆处于最底端的卸载位置,手拧 M16 螺母至恰好与垫片组接触,螺栓不应有松动的感觉。调节应变仪,通过面板上的按键切换到相应的通道,然后按"清零"键,以保证电桥平衡,减小实验误差。

调节表架上的千分表,使千分表测量头分别与螺栓顶面和上板面(靠外侧)接触,用以测量联接件与被联接件的变形量。λ_1 为螺栓被拉伸的变形量,λ_2 为被联接件被压缩时的变形量。调整千分表,使小指针有 2~5 格的读数(0.2~0.5mm),同时调整大指针指向 0。

（2）施加预紧力　用扳手预紧螺栓,注意观察两千分表的旋转方向及通道4（螺栓的拉应变）的显示值,当螺栓拉应变为80时,取下扳手。

（3）调节标定　打开电脑,进入在图7－12－3所示的螺栓实验台"螺栓动态Ⅰ"界面上。点击"采集",等待数据稳定后,点击"采点",观察图形区上的红、蓝两个点是否基本上在同一水平线上,若不在同一水平线,则要改变螺栓的拉应变标定值:

$$螺栓拉力标定值 = 螺栓拉应变 / 残余预紧力$$

然后点击"清空",再点击"采点",直到观察到红、蓝两个点基本上在同一水平线上。

（4）记录实验数据　将此时相关的应变值、电脑计算的力值及千分表转过的格数记录于实验报告表1的加载前项目中。

（5）加载并记录数据　转动手轮,转动4圈为加载一次,通过仪器、千分表和电脑软件观察测量数据的变化情况,并将数据记录在实验报告表1中。

注意:加载时手轮转动方向为面对手轮按顺时针方向旋转,加载过程切勿反转。

（6）卸载　反时针转动手轮,使挺杆处于卸载状态,松开螺母。

（7）改变刚度,重复实验　将两锥塞插入八角环中,改变支撑件的刚度,重复步骤（1）到（5）,将实验数据记录在实验报告表2中。

（8）分析实验数据,完成实验报告。

7.12.4.2　螺栓联接动载荷实验

在完成最后一次螺栓静态实验后,不要松开螺母,直接进入螺栓动态实验。注意:启动电机前一定要将手轮卸下,以免发生意外。

螺栓联接动态特性实验,必须在应变仪与 PC 机联机的状态下进行,并运行螺栓实验测试系统软件,显示和记录各应力幅值的变化波形。（应变仪的调节同前所述）

（1）实心螺栓刚度　实验前一定要先拔下锥塞。打开电脑,进入在图7－12－4所示的螺栓实验台"螺栓动态Ⅱ"界面上。检查小螺母是否处于拧紧状态,确保空心螺栓成为实心。启动电机（或连续转动手轮）,等电机稳定运行后,在界面"通道选择"上点取测点的应变通道,点击"清除"后,即可点击"继续采集",可以看到在图形显示区上有一条连续的曲线（如图7－12－4所示）,这就是测量点上应力幅值与工作载荷变化的曲线图,能直观地观察到螺栓、被联接件和工作载荷的瞬时应力变化。点击"暂停",即可停止采集。

（2）增加被联接刚度　将锥塞插入八角环的锥孔中,启动电机（或转动手轮）使挺杆加载,观察软件记录的波形变化。

（3）减小螺栓刚度　松开双头螺栓上的小螺母,使螺栓恢复空心状态,拧紧大螺母至预紧初始值,启动电机（或转动手轮）使挺杆加载,观察软件记录的波形

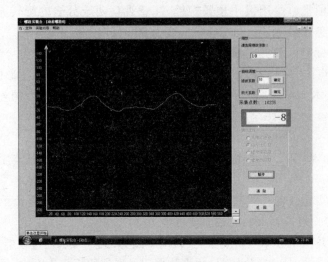

图 7 - 12 - 4　"螺栓动态 II"界面

变化。

(4)分析采用上述各种措施后所记录的波形,说明其效果。

(5)卸去各部分载荷,关闭仪器。

7.13　设计型带传动实验

7.13.1　预习要求

(1)认真阅读本实验指导书,查阅机械设计课程相关资料。

(2)完成实验预习报告,回答以下问题:

①说明带传动的弹性滑动和打滑现象产生的原因;

②说明带传动的弹性滑动和打滑对传动的影响。

7.13.2　实验目的

(1)试验带传动的弹性滑动和打滑。

(2)测定带传动的滑动率 ε、效率 η 和负载 M_2 的关系,并绘出弹性滑动曲线 $\varepsilon - M_2$ 和效率曲线 $\eta - M_2$。

(3)掌握转速和转矩的测量方法。

7.13.3　实验设备及工作原理

7.13.3.1　JDC - II 设计型带传动实验台主要技术参数

(1)直流电机功率:355W。

（2）直流电机调速范围：0～1800r/min。

（3）额定转矩：$T = 1.68$N·m。

（4）电源：220V交流。

（5）标准砝码：1kg/个　共4个。

（6）主动带轮：$d_1 = 120$ mm。

（7）从动带轮：$d_2 = 120$ mm。

7.13.3.2　JDC-Ⅱ设计型带传动实验台结构及工作原理

JDC-Ⅱ设计型带传动实验台结构如图7-13-1所示,实验台采用砝码(10)张紧,拉动电机(16)沿直线导轨向右移动,给传动带施加预拉力。左边电机为发电机(25)(负载电机),直流电机旋转过程中带动发电机发电,发电机输出的功率由灯泡(22)和大功率电阻(23)共同消耗。两台电机均采用压杆支承,当传递载荷时,作用于电机定子上的力矩M_1(直流电机力矩)、M_2(发电机力矩)迫使压杆作用于压力传感器,传感器产生输出,直接测量电机的转矩。另外,在两电机相同一侧安装有光电盘(24),通过光电测速器实时测量电机运行时的速度。

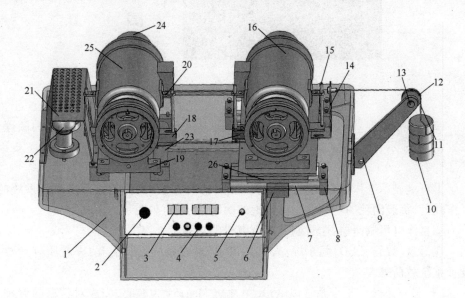

图7-13-1　JDC-Ⅱ设计型带传动实验台结构

1—安装底板(铸造)　2—电源开关　3—数码显示屏　4—采集按钮　5—调速旋钮　6—直线轴承
7—直线导轨　8—导轨支座　9—砝码支架　10—砝码　11—砝码吊钩　12—滑轮　13—滑轮销轴
14—拉线支架　15—传感器压杆　16—驱动电机　17—压力传感器　18—传感器防护罩　19—轴承座
20—悬臂杠杆　21—灯泡防护罩　22—灯泡　23—大功率电阻　24—光电盘　25—发电机　26—支撑板

（1）控制系统　实验台的控制箱中配置了单片机,设计了专用软件,具有数据采集、数据处理、显示、保持、记忆等多种功能,并可与PC机对接(已备有接口),自动显示并打印输出实验数据及实验曲线,如图 7 – 13 – 2 所示。通过单片机调速装置对直流电机的电压进行调节,实现无级调速。当直流电机在一速度下稳定运转后,再改变发电机的工作负载;在控制面板上按"负载"按钮,每按一次,发电机负载就增加一次,电枢电流增大,随之电磁转矩也增大,即发电机的负载转矩增大,实现了负载的改变。发电机的工作负载,也就是它的输出功率,采用输出电路上的大功率电阻来进行调节。

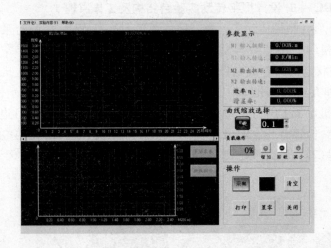

图 7 – 13 – 2 JDC – Ⅱ设计型带传动实验台软件界面

(2)检测系统 整个系统以 AVR 单片机 Mega64 为核心,完成对数据的调理、采集、参数显示、键盘输入以及将数据发送到 PC 机端软件处理等任务。其主要组成部件有:

①灯泡显示工作负载:通过调整负载(大功率电阻)消耗的功率来改变系统的工作载荷,负载消耗的功率大小由灯泡的明暗指示,直观明了;

②直流电机调速器:用于调节直流电机的转速;

③键盘,数码(LED)显示屏:人机接口,与检测系统进行交互,查看所有参数,设置系统载荷等。

(3)显示系统 整个系统以 AVR 单片机 Mega64 为核心,完成对数据的调理、采集、参数显示、键盘输入以及将数据发送到 PC 机端软件处理等任务。其主要组成部件有:

①灯泡显示工作负载:通过调整负载(大功率电阻)消耗的功率来改变系统的工作载荷,负载消耗的功率大小由灯泡的明暗指示,直观明了;

②直流电机调速器:用于调节直流电机的转速;

③键盘,数码(LED)显示屏:人机接口,与检测系统进行交互,查看所有参数,设置系统载荷等。

(4)测试原理 在直流电机和发电机的一端分别装有 2 个 60 栅的光电盘,电机旋转时带动光电盘切割光电传感器的光束,产生两路脉冲信号,整形后送入单片机在单位时间内进行计数,可得到每分钟的转速(N_1、N_2),2 个速度的差值即带传动的滑差;2 个压力传感器分别检测直流电机和发电机的扭矩,压力传感器输出为微弱的模拟信号,经过放大后送入单片机进行模数转换(A/D),再进行相应的数据处理即得到扭矩值(M_1、M_2)。

7.13.3.3　控制面板

图 7 - 13 - 3 所示为实验台的控制面板,其中左边三位数码管显示通道,右边四位显示数值,各功能如下:

(1)LED 显示屏

通道 1:直流电机转速(输入转速 N_1,单位:r/min)

通道 2:直流电机扭矩(输入扭矩 M_1,单位:N·m)

通道 3:发电机转速(输出转速 N_2,单位:r/min)

通道 4:发电机扭矩(输出扭矩 M_2,单位:N·m)

通道 5:负载调整(0 ~ 100%)

图 7 - 13 - 3　控制面板

(2)按键操作

上翻、下翻键:切换显示通道 1 ~ 5;调整加载载荷。

置零键:在通道为 1 ~ 4 时将输入输出扭矩传感器的当前值置为零,要求在实验前置零一次,以减少测量误差;在通道 5 时,置零键可清除加载,使系统处于空载状态。

锁定键:在通道为 1 ~ 4 时将当前各通道数据锁定不变,以便观察和记录,在锁定状态时通道最左边一位显示"E"。

负载调整(通道 5):按"上翻"或"下翻"键切换到通道 5,然后按一次"锁定"键,通道显示"E - 5"进入负载调整,再通过"上翻""下翻"键改变负载,每按一次负载增加或减少 5%,调整完毕后再按一次"锁定"键,退出负载调整。

(3)电机调速　最右边为电机调速旋钮,开启电源前须保证旋钮处于最低速度位置状态。

(4)背板　图 7 - 13 - 4 所示为实验台背板的布置图。背板左上边为电源接口,右下角为串行通讯接口,与计算机联接。

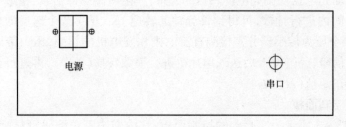

图 7 – 13 – 4　背板图

7.13.4　实验内容

不同型号传动带需在不同张紧力的条件下进行试验,也可对同一型号传动带,采用不同的张紧力,试验不同张紧力对传动性能的影响。改变砝码的多少,即可改变带的张紧力。

注意:实验前确保调速旋钮处于最低速度位置状态以防电机突然启动。

实验台通过 PC 机软件进行程控加载,各实验参数以曲线形式实时显示,在实验过程中可直观地观察到各数据变化的情况。

计算机采集实验数据步骤如下:

(1)实验前确保调速旋钮处于最低速度位置状态以防电机突然启动,在吊钩上挂 3 个砝码施加预紧力。

(2)开启实验台与计算机电源,先不启动电机,将通道(1~5)清零,减少实验误差。

(3)启动电机,顺时针调节调速旋钮,使电机达到预定的转速(推荐实验转速为 1200r/min)。

(4)运行带传动测试软件,选择菜单"实验内容"——"带传动测试",打开测试界面如图 7 – 13 – 2 所示。单击采集按钮,联接实验台与计算机的通讯,即可实时动态地观察到所有检测参数。

(5)待数据稳定后,将当前各参数记录在实验报告表 1 中,并点击手动采集按钮,软件自动在界面上绘制曲线。

(6)点击负载操作中的"增加"按钮,增加系统负载,重复步骤(5)。

注意:加载过程中应留心滑动率的变化,当滑动率数值大于 5% 时,便停止继续加载,进行步骤(7)的操作。

(7)逐级降低负载至零,使系统处于空载,然后将电机调速旋钮旋至最小速度位置,关闭电机电源。

(8)将吊钩上的砝码增加到 4 个,重复上面的实验,并将记录和计算的数据填入实验报告表 2 中。

7.14 机械传动性能综合实验

7.14.1 预习要求

(1)认真阅读本实验指导书,查阅机械设计课程相关资料。

(2)完成实验预习报告,回答以下题目:

试简述带传动、齿轮传动、蜗杆传动、摆线针轮传动的传动特点。

7.14.2 实验目的

(1)通过测试常见机械传动装置(如带传动、齿轮传动、蜗杆传动等)传递运动与动力过程中的参数曲线(速度曲线、转矩曲线及效率曲线等),加深对常见机械传动性能的认识和理解。

(2)分析组成方案的特点,掌握机械传动合理布置的基本要求。

(3)通过实验认识智能化机械传动性能综合测试实验台的工作原理,掌握计算机辅助实验的新方法,培养进行设计性实验与创新性实验的能力。

7.14.3 实验设备及工作原理

本实验在机械传动性能综合测试实验台上进行,如图7-14-1所示为设备的全貌。

图7-14-1 机械传动性能综合测试实验台

本实验台采用模块化结构,由不同种类的机械传动装置、联轴器、变频电机、加载装置和工控机(电脑)等模块组成,其中机械传动装置根据需要可选用斜齿圆柱齿轮减速器、摆线针轮减速器、蜗杆减速器、V 形带传动、齿形带传动、套筒滚子链传动或万向节传动中的一种或几种组合而成。通过利用传动部分中不同部件的选择、组合搭配,通过支承联接,构成链传动实验台、V 带传动实验台、同步带传动实验台、齿轮传动实验台、蜗杆传动实验台、齿轮－链传动实验台、带－齿轮传动实验台、链－齿轮传动实验台、带－链传动实验台等多种单级典型机械传动及两级组合机械传动性能综合测试实验台。后面详细介绍几种常见的典型结构,作为本次实验的重点内容。

如图 7 – 14 – 2 所示,为实验台结构布局图。

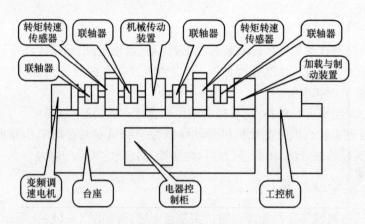

图 7 – 14 – 2　实验台结构布局图

7.14.4　实验台主要设备及技术参数

7.14.4.1　动力部分

(1)变频调速电机:额定功率 0.75kW;同步转速 1500r/min;输入电压 380V;额定输出扭矩 4.7N·m。

(2)变频器:SC400 – 2001;变频范围 5～50Hz,$P = 0.75$kW。

7.14.4.2　测试部分

7.14.4.2.1　传感器　本实验台采用新型的扭矩传感器,与传统的扭矩传感器相比具有体积小巧、测试精度高、全数字输出、无需三相电源、可直接测静态和低转速扭矩,而无需额外的辅助设备,可自动校零、正反转无需重新标定等特点。

(1)JN338 型转矩转速传感器:额定转矩 10N·m;转速范围 0～4000r/min;用于测量输入扭矩。

(2)JN338 型转矩转速传感器:额定转矩 50N·m;转速范围 0～4000r/min;用于测量输出扭矩。

7.14.4.2.2　检测系统　本实验台的检测系统将加载、电机调速、数据采集处理等集成于一体,可实现程控加载、程控调速;在一块 240×128 点阵的液晶屏上直观地显示所有测试参数,无需配备专用的工控机与测试转接卡,提供手动与程控两种检测方式及配套的检测软件。

7.14.4.2.3 机械测试配件

(1)摆线针轮减速器:减速比 9。

(2)蜗杆减速器:减速比 10;蜗杆头数 $z_1 = 1$,中心距 $a = 50mm$。

(3)斜齿轮减速器:减速比 3。

(4)同步带传动:带轮齿数 $z_1 = 28$,$z_2 = 42$,节距 $L = 9.525$,聚氨酯同步带 $3 \times 121 \times 25.4$、$3 \times 87 \times 25.4$。

(5)V 形带传动:带轮基准直径 $D_1 = 80$,$D_2 = 132$,V 形带 A-1080、A-680。

(6)链传动:链轮 $z_1 = 12$,$z_2 = 21$,滚子链 10A-1×76,滚子链 10A-1×56。

(7)联轴器传动:弹性柱销联轴器,刚性十字滑块联轴器(带弹性滑块),滚子链联轴器。

(8)万向节传动:单向、双向。

7.14.4.3 加载部分

CZ-5 型磁粉制动(加载)器:额定转矩 50N·m。

7.14.5 实验台工作原理及操作

7.14.5.1 工作原理

机械传动系统性能综合测试实验台工作原理如图 7-14-3 所示,实验台通过转矩转速传感器、测试卡和工控机(电脑)可以自动测试传动装置的转速 n(r/min)、转矩 M(N·m)。利用实验台配套的测试软件,在电脑上可采集转速、转矩、功率、传动比和效率数据。

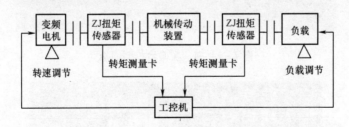

图 7-14-3 实验台工作原理图

7.14.5.2 实验台操作说明

(1)手动操作 开机后系统默认为手动模式。如图 7-14-4 所示,为实验台控制面板,可直接进行操作。显示屏上有 2 个显示界面,一个为主测界面如图 7-14-5 所示,可显示输入扭矩和转速、输出扭矩和转速,传动效率和传动速比;按一下键 3,进入数据查看界面,如图 7-14-6 所示。重新按一下键 3,可返回主测试界面。控制面板上的 6 个键在不同的界面下,有不同的功能,分别为:

①当处于主测试界面：

按键1：正转启动电机（顺时针）；

按键2：反转启动电机（逆时针）；

按键3：查看采集的数据，进入数据查看界面；

按键4：停止电机；

按键5：将当前扭矩传感器的值置零；

按键6：采集一个数据点。

②当处于数据查看界面：

按键1：上翻一页；

按键2：下翻一页；

按键3：退回至主测试界面；

按键4：功能与主测试界面一样；

按键5：清空所有采集的数据；

按键6：无用。

有关数据在 LCD 显示屏上可观察到，如图 7 – 14 – 6 所示。

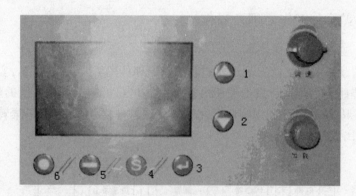

图 7 – 14 – 4　实验台控制面板

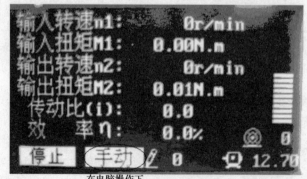

在电脑操作下
显示"程控"

图 7 – 14 – 5　实验台 LCD 显示屏（主测试界面）

NO.	n1	M1	n2	M2
01	362	0.53	69	0.23
02	359	0.77	67	1.46
03	497	0.86	94	1.59
04	601	0.89	114	1.60
05	677	0.91	128	1.61

图 7 – 14 – 6　实验台 LCD 显示屏（数据查看界面）

测试界面符号说明：

电机运行频率（与变频器上显示的数值一致），调节调速旋钮可改变电机的运行频率最大为 50.00Hz。电机最高同步转速为 1500r/min 。

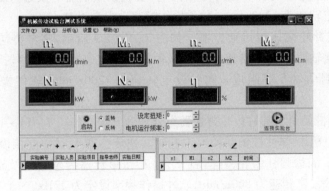

图 7 – 14 – 7　软件的操作界面

磁粉制动器电流控制，该值为百分比，即 0% ~ 100% ,调节加载旋钮可改变加载的扭矩值。

（2）电脑操作　在电脑桌面上点击"机械传动性能综合实验台"，进入软件控制模式,其电脑上的界面如图 7 – 14 – 7 所示。除可显示输入扭矩和转速、输出扭矩和转速、传动效率和传动速比外，还可以在电脑上直接控制电机转速和进行加载/卸载，还可以自动采集数据,对数据进行分析,绘制相关曲线。

点击"联接实验台"，LCD 显示屏进入软件控制界面,此时,在 LCD 显示界面上设有"手动"和"手动采集数据"标志。在该模式下,调速旋钮与加载旋钮将不起作用,电机的速度调节和加载由电脑软件进行调节,按键1、2、3也将不起作用,电机的正转启动、反转启动和停止、数据的采集都由上位机软件控制完成。控制面板上其余的4个键仍可起作用,但与手动时的功能有些不同,分别为:

按键4:停止电机;

按键5:将扭矩传感器置零;

按键6:强制退出程控模式。

在退出程控模式后(LCD屏上的程控字样消失),必须按一次按键4(S键)停止电机运行,才能恢复调速与加载旋钮的作用。

7.14.6　试验内容及步骤

7.14.6.1　准备阶段

仔细观察传动设备,确定传动方案,本次实验选择4种典型结构方案,分别安装在4台实验台上。

(1)蜗杆蜗轮减速器传动方案　如图7-14-8所示,整个传动系统由电机1、弹性柱销联轴器2、扭矩转速传感器3、弹性柱销联轴器4、蜗杆蜗轮减速器(试件)5、万向节传动15、扭矩转速传感器8、弹性柱销联轴器7及磁粉制动器6等组成。实验设定转速为1200r/min,软件操作频率设定为40Hz。

(2)摆线针轮减速器传动方案　如图7-14-9所示,整个传动系统由电机1、弹性柱销联轴器2、扭矩转速传感器3、摆线针轮减速器(试件)4、扭矩转速传感器5及磁粉制动器6等组成。实验设定转速为1200r/min,软件操作频率设定为40Hz。

(3)V形带及斜齿圆柱齿轮减速器组合传动方案　如图7-14-10所示,整个传动系统由电机1、弹性柱销联轴器3、扭矩转速传感器4、过渡联接模块5、V形带传动(试件)6、斜齿圆柱齿轮减速器(试件)7、扭矩转速传感器8及磁粉制动器9等组成。实验设定转速为800r/min,软件操作频率设定为27Hz。

(4)斜齿圆柱齿轮减速器传动方案　如图7-14-11所示,整个传动系统由电机1、弹性柱销联轴器2、扭矩转速传感器3、弹性柱销联轴器、斜齿圆柱齿轮减速器(试件)4、弹性柱销联轴器、扭矩转速传感器5及磁粉制动器6等组成。实验设定转速为800r/min,软件操作频率设定为27Hz。

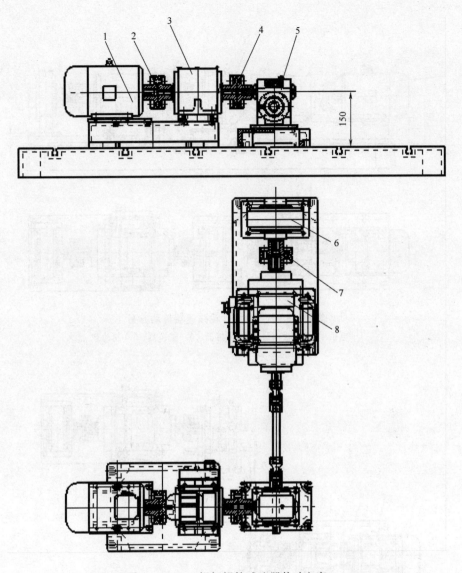

图 7 - 14 - 8   蜗杆蜗轮减速器传动方案

1—电机 2、4、7—联轴器 3、8—传感器 5—减速器 6—制动器

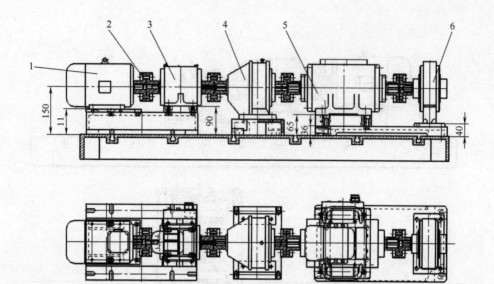

图 7 - 14 - 9　摆线针轮减速器传动方案

1—电机　2、4—联轴器　3—传感器　5—减速器　6—制动器

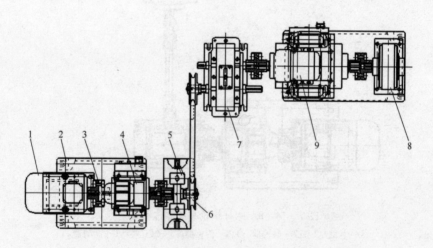

图 7 - 14 - 10　V 形带及斜齿圆柱齿轮减速器组合传动方案

1—电机　2—基架　3—联轴器　4、8—传感器

5—过渡联接模块　6—V 形带　7—减速器　9—制动器

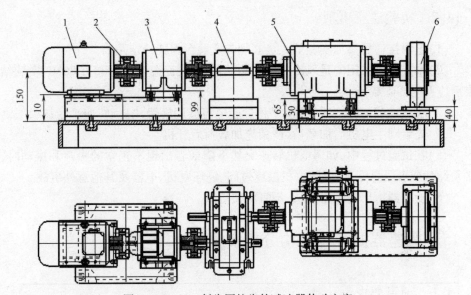

图 7 – 14 – 11　斜齿圆柱齿轮减速器传动方案

1—电机　2—联轴器　3、5—扭矩传动机构及传感器　4—减速机构　6—制动器

7.14.6.2　测试阶段

（1）检查转速旋钮及负载旋钮位于最低位置，然后打开实验台电源开关。

（2）熟悉软件测试界面的各项内容。

（3）键入实验教学信息标：实验类型、实验编号、小组编号、实验人员、指导老师、实验日期等。

（4）点击"分析"，"设置曲线选项"，确定实验测试参数：转速 n_1、n_2 扭矩 M_1、M_2 及效率 η。

（5）点击"联接实验台"，"启动"。

（6）逐级增加电机运行频率，使电动机转速加至方案要求转速。

（7）待数据稳定，点击右下"手动记录数据"，采集当前数据。

（8）按实验表格要求逐级加载并采集数据，注意当加载到使电机输出扭矩接近其额定输出扭矩（4.7N·m）时，停止加载，立即采集数据，然后开始逐级减载至空载状态，严禁电机在高负载时长时间运转。

（9）逐级降低转速至停机，并关闭实验台电源。

（10）从"分析"中调看参数曲线及数据表格，记录实验数据。

7.14.6.3　分析阶段

对实验结果进行分析，采用集体讨论的方式，对 4 种不同的实验方案进行分析比较，重点分析机械传动装置传递运动的平稳性和传递动力的效率，以及不同的布置方案对传动性能的影响。

7.14.7 实验注意事项

（1）电源接通后参加实验的人员必须与实验台保持一定距离。

（2）本实验台采用的是风冷式磁粉制动器,其表面温度不得超过 80°C,实验结束后应及时卸除载荷。

（3）在施加载荷时,"手动"应平稳旋转电流微调旋钮,"自动"应平稳加载。

（4）先启动主电机后加载荷,严禁先加载荷后开机。

（5）在试验过程中,如遇电机转速突然下降或者出现不正常的噪声和振动时,必须卸载或者紧急停车,以防电机温度过高、烧坏电机、电器及其他意外事故。

（6）变频器出厂前设定完成,不宜随便更改。

7.15 减速器拆装与结构分析实验

7.15.1 预习要求

认真阅读本实验指导书,查阅机械设计课程相关资料。

7.15.2 实验目的

（1）通过对减速器的拆装,熟悉减速器的机构、各零部件的作用及其正确装配工艺和调整步骤。

（2）增加对减速器的感性认识,为后续课程设计做准备。

7.15.3 实验设备和工具

实验用齿轮减速器 1 台、固定扳手 2 个、活动扳手 1 个、手锤 1 个。

7.15.4 实验步骤

（1）观察减速器的外形结构

①在拆开减速器前,先用手转动输入轴,观察转动的松紧程度及装配的妥帖程度。

②观察附件,如观察孔、透气装置、油尺、定位销、启盖螺钉、放油塞、吊钩、吊耳等的类型、结构及安装方式和位置。

③观察各联接螺栓的类型、布置方式和位置。

④观察箱体、箱盖的结构形式,加强筋的布置方式和位置。

⑤仔细观察轴承座的结构形状,了解底座结构以及地脚螺栓布置方式和位置,支承螺栓的凸台高度及空间尺寸的确定方法。

（2）拆卸减速器附件和箱盖

①拆下观察孔、透气装置、油尺，注意它们与箱体接触面的密封情况。

②拆下所有的箱盖和箱体的联接螺栓及端盖螺钉，拆下后应将螺杆、螺帽及垫片拧在一起。

③拆下轴承端盖。

④拔出定位销。

⑤拧紧启盖螺钉，把箱盖和箱体分开，取下箱盖。注意：为保护箱盖和箱体的结合面，请勿将结合面朝下放置。

（3）观察减速器内部结构　认清减速器的形式，了解各级传动比的分配比例，观察箱内齿轮的啮合情况、轴承支承结构情况、润滑方式、轴承的密封装置、油槽、油沟的位置并分析其作用。

（4）拆下轴及轴上零件，观察轴上各零部件的安装情况。

注意：先拆高速轴，再拆低速轴。

（5）安装减速器　安装次序与拆卸时相反，结构应与原状严格相同，安装完后用手转动高速轴，观察有无零件干涉。

8　设计创新性实验

8.1　概述

　　设计创新性实验主要在更高层面上培养学生的创新能力、工程实践能力及科研能力。用创新设计方法,激励学生产生创新思维,通过设计方案的筛选设计创新结果。创新性实验的目的是提高学生独立工作的能力,培养综合素质和创新意识,提高创新设计能力。

8.2　机构组合创新设计实验

8.2.1　预习要求

　　(1)认真阅读实验指导书,了解实验设备中各个零件的用途及安装方法。
　　(2)确定好自己的组别,以小组为单位选好设计题目并画出其机构示意图,实验开始前提交。
　　(3)完成实验报告书中的预习报告。

8.2.2　实验目的

　　(1)加深对机构组成原理的认识,进一步了解机构组成及其运动特性。
　　(2)培养运用实验方法研究、分析机械的初步能力。
　　(3)培养利用实验方法构思、验证、确定机械运动方案的初步能力。
　　(4)培养使用电机等电气元件和气缸、电磁阀、调速阀和压缩机等气动元件组装动力源,对机械进行驱动和控制的初步能力。
　　(5)培养工程实践动手能力。
　　(6)培养创新思维及综合设计的能力。

8.2.3　实验设备

　　(1)机械方案创意设计模拟实施实验仪。
　　(2)系列功率、转速微型电机。
　　(3)系列行程微型气缸、气控组件、调速阀和空气压缩机等气动元件。
　　(4)钢尺、量角器、游标卡尺。

（5）扳手、钳子、螺丝刀等。

8.2.4 实验步骤

使用"机械方案创意设计模拟实施实验仪"的多功能零件，按照所画机构示意图，先在桌面上进行机构的初步试验组装，这一步的目的是杆件分层。一方面为了使各个杆件在相互平行的平面内运动，另一方面为了避免各个杆件、各个运动副之间发生运动干涉。

按照上一步骤试验好的分层方案，使用前述实验仪的多功能零件，从最里层开始，依次将各个杆件组装联接到机架上。根据输入运动的形式选择原动件。若输入运动为转动（工程实际中以柴油机、电动机等为动力的情况），则选用双轴承式主动定铰链轴或蜗杆为原动件，并使用电机通过软轴联轴器（或弹性联轴器）进行驱动；若输入运动为移动（工程实际中以油缸、气缸等为动力的情况），可选用适当行程的气缸驱动，用软管联接好气缸、气控组件和空气压缩机先进行空载行程试验。

试用手动的方式摇动或推动原动件，观察整个机构各个杆、副的运动，全都畅通无阻之后，安装电机，用柔性联轴节将电机与机构相连；或安装气缸，用附件将气缸与机构相连。

最后检查无误后，打开电源试机。通过动态观察机构系统的运动，对机构系统的工作到位情况、运动学及动力学特性作出定性的分析和评价。一般包括如下几个方面：

（1）各个杆、副是否发生干涉；

（2）有无"憋劲"现象；

（3）输入转动的原动件是否曲柄；

（4）输出杆件是否具有急回特性；

（5）机构的运动是否连续；

（6）最小传动角（或最大压力角）是否超过其许用值，是否在非工作行程中；

（7）机构运动过程中是否产生刚性冲击或柔性冲击；

（8）机构是否灵活、可靠地按照设计要求运动到位；

（9）自由度大于 1 的机构，其几个原动件能否使整个机构的各个局部实现良好的协调动作；

（10）动力元件（电机或气缸）的选用及安装是否合理，是否按预定的要求正常工作；

（11）若观察机构系统运动发现问题，则必须按前述步骤进行组装调整，直到该模型机构灵活、可靠地完全按照设计要求运动。

至此已经用实验方法自行确定了设计方案和参数，再测绘所组装的模型，换算出实际尺寸，填写实验报告，包括按比例绘制正规的机构运动简图，标注全部参数，计算自由度,划分杆组,简述步骤 4 所列的各项评价情况,指出有所创新之处,指出不足之处并简述改进的设想。

8.2.5 实验设备介绍

组成设备的主要元件、组件见表 8-2-1。

表 8-2-1 　　　　　　　　　　　　　实验设备的主要元件与组件

序号	名称	形状	说明	序号	名称	形状	说明
1	电气控制盒		对电机或者电磁阀进行双向控制,最多能控制4个	2	直流电机		提供旋转运动动力,有 30r/min 和 15r/min 两种
3	电机架		安装电机,有正装和反装两种方式	4	气缸		提供直线往复运动行程分别是:30,45,60,75,100,125,150
5	气缸调速阀		与气缸一起使用,用于调整气流大小,控制气缸运动速度	6	活塞杆接头		与气缸一起使用,用于跟活动铰链进行连接
7	气缸座		用于固定气缸	8	法兰		用于固定气缸
9	气缸铰链		用于固定气缸,并使气缸可以旋转	10	蜗杆组件		与蜗轮一起共同组成传动

续表

序号	名称	形状	说明	序号	名称	形状	说明
11	蜗轮		与蜗杆一起使用,齿数有 20,25,30,35 等	12	凸轮		有三种不同规格
13	凸轮平底		与凸轮一起使用	14	凸轮滚子		与凸轮一起使用
15	垫套		用于间隔两个零件	16	带轮		带传动,只有一对带轮,与 O 型皮带一起使用
17	拨盘组件		与槽轮一起组成间歇机构	18	槽轮		与拨盘一起组成间歇机构
19	齿条		与齿轮一起使用,可实现往复直线运动	20	直齿圆柱齿轮		实现齿轮传动,齿数有 20 ~ 45 共 6 种
21	单层主动定铰链		主要用于与联轴器连接输出旋转运动	22	三层从动定铰链		多用于与齿轮,凸轮进行连接

续表

序号	名称	形状	说明	序号	名称	形状	说明
23	杆件		杆长有 33 ~ 423 mm 共 64 根	24	软轴联轴器		实现电机与主动定铰链的连接
25	活动铰链		用于转动副的实现	26	偏心滑块		可用于实现滑块和支撑架的安装
27	带铰链对心滑块		用于实现具有转动副的滑块	28	垫块		调整杆件高度
29	铰链螺钉		固定活动铰链	30	铰链螺钉		固定活动铰链
31	铰链螺母		用于固定铰链	32	1#支承		用于调整杆件高度

续表

序号	名称	形状	说明	序号	名称	形状	说明
33	2#支承		用于调整杆件高度	34	T形杆接头		用于杆件连接
35	L形杆接头		用于杆件连接	36	I形杆接头		用于杆件连接
37	I形杆接头		用于杆件连接	38	接头角板		连接杆件,主要用于实现挖土机机构
39	曲柄杆		实现曲柄				

8.2.5.1 基本元件的组装

(1)滑板与导轨的组装与调整 图 8-2-1 所示的滑板是机架与杆件相联接的基板。滑板可以在机架框内横竖两个自由度调整到合适位置并固定,滑板上有两种规格的内螺孔用来固定连架铰链或导路。

图 8-2-1 描述了机架中的二自由度薄板型导轨滑板的结构,在纵向导轨两端各装有两个滚轮,该四个滚轮可在横向导轨的空腔内滚动;旋松四个螺钉,则可拨动纵向导轨带着滑板移动到所需要的位置;拧紧四个螺钉,则纵向导轨被固定成为机架。旋松纵向导轨上的两个螺钉,则可拨动滑板灵活地上下移动到所需要的位置;拧紧螺钉,则滑板被固定成为机架。滑板上的内螺纹用于安装主动铰链;滑板上的内螺纹还可以安装蜗杆组件,也可以安装支承体后进而安装连架导路或从动铰链。

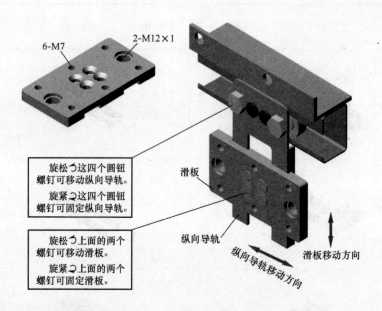

图 8 - 2 - 1　滑板与导轨的组装

（2）基板杆件的连接

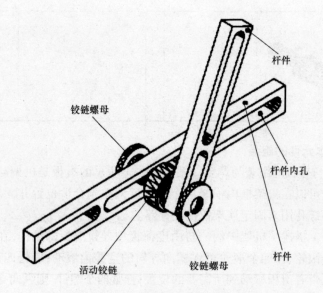

图 8 - 2 - 2　二杆普通铰链的外形结构

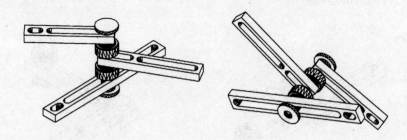

图 8 – 2 – 3   三杆复合铰链

图 8 – 2 – 4   隔层杆件的安装

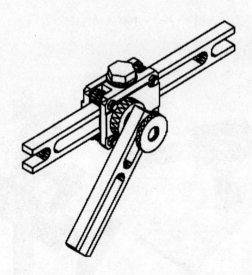

图 8 – 2 – 5   带铰链滑块的杆件连接

（3）杆接头的连接应用

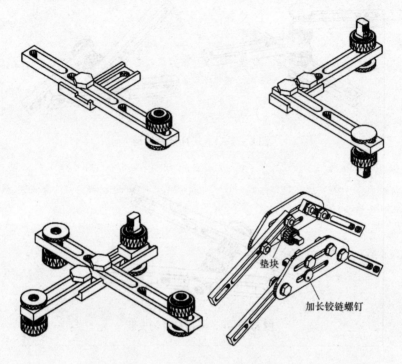

图 8 - 2 - 6　杆接头的连接应用

（4）滑块的连接应用

(a)单滑块固定导路孔　　　　　　(b)双滑块固定导路孔

图 8 - 2 - 7　滑块的固定导路孔连接

（5）凸轮的连接应用

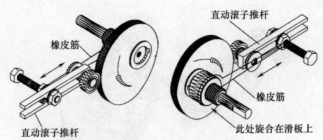

注：本图未画出作推杆导路的偏心滑块

图 8 - 2 - 8　对心滚子凸轮连接

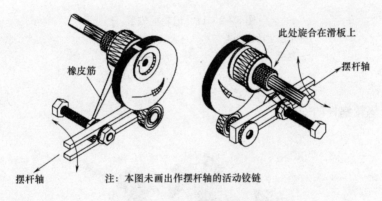

注：本图未画出作摆杆轴的活动铰链

图 8 - 2 - 9　摆杆凸轮连接

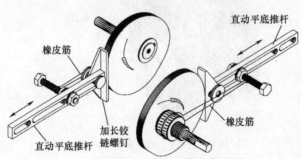

注：本图未画出作推杆导路的偏心滑块

图 8 - 2 - 10　平底凸轮链接

（6）齿轮的安装

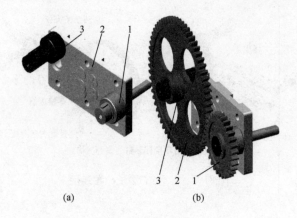

(a)   (b)

图 8 - 2 - 11　齿轮的安装

1—单层主动定铰链	1—Z30 齿轮
2—基板	2—Z65 齿轮
3—三层从动定铰链	3—齿凸垫套

（7）蜗轮蜗杆的安装

蜗杆

蜗轮

图 8 - 2 - 12　蜗轮蜗杆的安装

（8）电机的安装

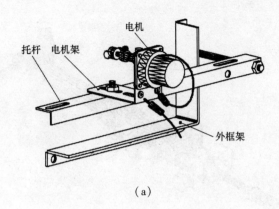

（a）

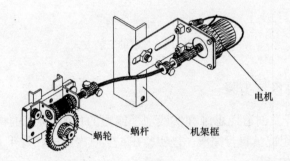

（b）

图 8－2－13　电机的安装方式

（9）气缸的安装

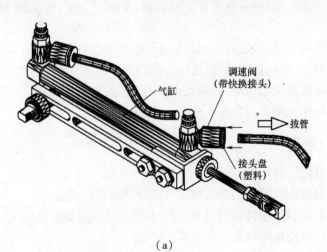

（a）

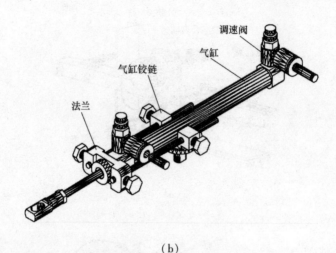

（b）

图 8 - 2 - 14　气缸的安装方式

8.2.6　实验内容与步骤

（1）为达到开发创造性思维和实践动手能力的目的,拼接的机构方案原则上应在实验前由小组成员自行完成。该实验在 4 学时内完成。每 4 人一组完成不少于 1 个机构方案的搭接。

（2）实验前,根据提供的工艺要求应用连杆组合法或其他创造技法,创造出满足工艺要求的新机构,作为机构搭接的对象。

（3）阅读本实验指导书,熟悉实验中所用的设备、安装工具和零部件的功能。

（4）阅读本实验指导书,熟悉各传动装置、各固定支座、移动副、转动副的安装方法。

（5）按照运动传递的顺序,从原动机开始依次连接各基本组。

（6）仔细检查,确认搭接无误、连接牢靠后方可通电运转。

（7）仔细观察机构的运动,判断是否满足工艺要求并作出相应改进。

（8）根据要求完成实验报告。

8.2.7　实验要求

（1）实验分组　每 4 人一组,每班分成两个大组。

（2）画出拼接机构的运动链结构图,计算机构的自由度。

（3）按比例绘制搭接机构的运动简图,标注出机构运动简图的尺寸参数。

（4）说明该机构是否满足给定的工艺要求。

（5）分析该机构的优缺点,说明如何改进及是否有代替机构。

参考文献

[1]李琳,李杞仪.机械原理[M].北京:中国轻工业出版社,2009

[2]朱文坚,谢小鹏,黄镇昌.机械基础实验教程[M].北京:科学出版社,2005

[3]孙桓,陈作模,葛文杰.机械原理[M].北京:高等教育出版社,2006

[4]中国电子学会敏感技术分会,中国电子学会北京电子学会.2000/2001 传感器与执行器大全(年卷)——传感器.变送器.执行器[M].北京:电子工业出版社,2001

[5]付风岚,丁国平,刘宁.公差与检测技术实践教程[M].北京:科学出版社,2006

[6]徐红兵.几何量公差与检测实验指导书[M].北京:化学工业出版社,2006

[7]黄镇昌.互换性与测量技术[M].广州:华南理工大学出版社,2011

[8]郁有文,常健.传感器原理及工程应用[M].西安:西安电子科技大学出版社,2000

[9]高允彦.正交及回归试验设计方法[M].北京:冶金工业出版社,1988

[10]正交试验法编写组,正交试验法[M].北京:国防工业出版社,1976

[11]关颖男.试验设计方法入门[M].北京:冶金工业出版社,1985

[12]钟毅芳,吴昌林,唐增宝.机械设计[M].武汉:华中科技大学出版社,2001

[13]何庭蕙.工程力学[M].广州:华南理工大学出版社,2010